汉竹主编 ● 健康爱家系列

新手四季养花

王意成 / 编著

Xin Shou Si Ji Yang Hua

江苏凤凰科学技术出版社
·南京·

新手
四季养花

前言

Foreword

新手们养花常常感到苦恼：悉心地照顾花花草草，它们怎么还是出现各种各样的问题，而且不如别人养的好看。

翻开这本书，跟着“花样爷爷”学养花，你会恍然大悟，原来花草也该顺着季节养：春季买个风信子球根，放在水里就能等开花；夏季，恐怕没有比荷花更合适的了；多肉就该秋季入手；冬季养观果的花卉更好。

本书收录了适合春、夏、秋、冬四季栽培的80种常见花卉，从花盆、土壤、肥料的挑选，讲到每种花的选购、摆放、浇水、光照、施肥、修剪、换盆、繁殖以及病虫害的防治，帮你的爱花平安度过一年四季，常伴你身边。

本书每个月都选出具代表性的花草，设计成精美又独特的卡片。每种花还有“全年花历”，能够一眼看出每月需要为自己花草做的事。

赏花的同时，还能欣赏美好的诗句：“唯有牡丹真国色，花开时节动京城”“只道花无十日红，此花无日不春风”……古今中外浩如烟海的诗篇中，很多花草都被吟诵过，它们和诗篇一样美。

总之，这是一本能让养花新人快速上手的实用读本，教会你每种花草的养护要点，击破常见难题，给你养花不败的指南。

客厅宜养的花草

宝莲花 第120页
文竹 第150页
石榴 第134页
发财树 第152页
秋
冬
仙客来 第180页
君子兰 第194页
梅花 第184页
金橘 第200页

卧室宜养的花草

香叶天竺葵 第60页

丽格秋海棠 第172页

玉露 第76页

非洲堇 第178页

吊竹梅 第170页

水仙 第196页

餐厅宜养的花草

餐厅

迷迭香 第124页

石竹 第44页

花毛茛 第66页

茉莉 第130页

碰碰香 第122页

矮大丽花 第136页

天竺葵换盆时应适当剪去坏根、过长的须根，以利于植株生长。

新手
四季养花

目录

Contents

第一章 新手必知的养花知识

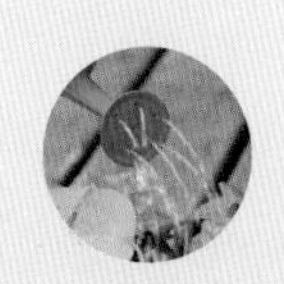
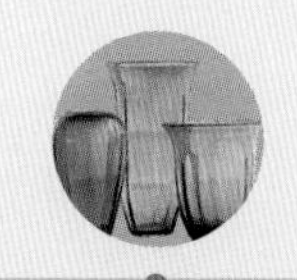

第二章 春季最好养的花草

第三章 夏季新手入门的花草

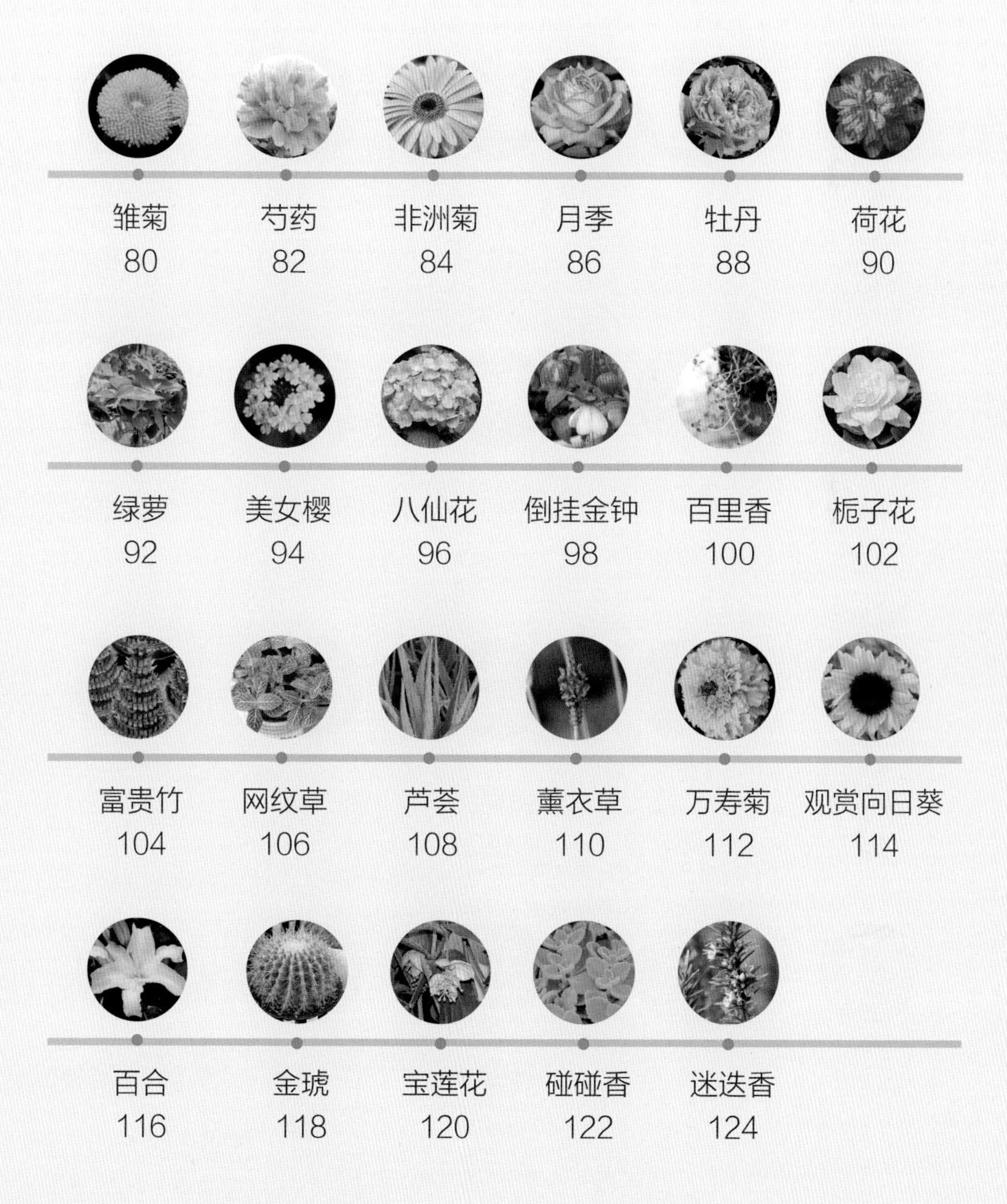

第四章 秋季一养就活的花草

第五章 冬季新人上手的花草

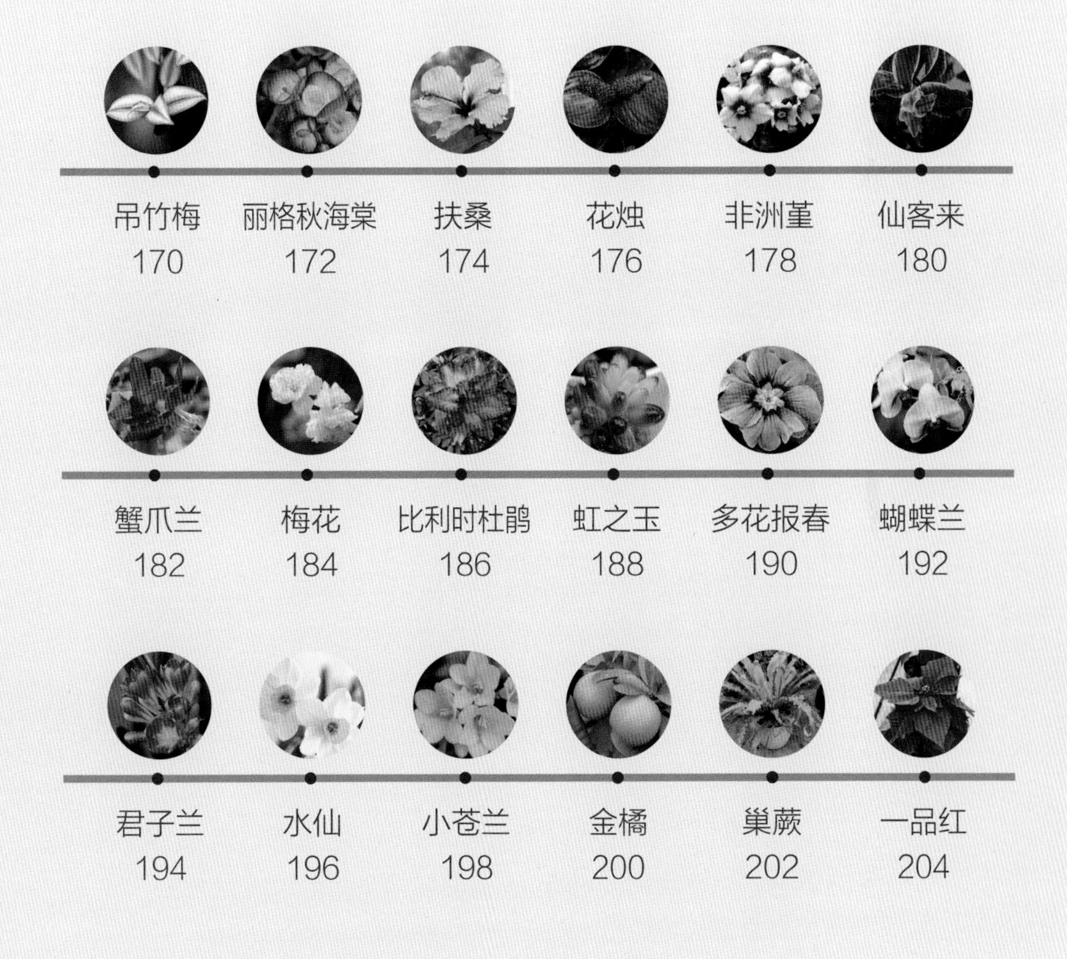

新晴原野旷，极目无氛垢。
郭门临渡头，村树连溪口。
白水明田外，碧峰出山后。
农月无闲人，倾家事南亩。

新晴野望
［唐］王维

第一章

新手
必知的养花
知识

Xin Shou Bi Zhi De Yang Hua Zhi Shi

四季养花要点

春季养花，预防倒春寒

气温变化大，花草别太早搬出屋

春季指阳历的2~4月，白天开始变长，气温逐步回升，雨水逐渐增多，各种花草树木开始萌动。黄河流域和淮河流域月平均温度约5℃，长江流域约10℃，华南地区在20℃左右，而东北、内蒙古等地区还在0℃以下。

初春乍暖还寒，冷空气活动频繁，刚刚战胜冬季的花草最怕的就是“春寒”了。所以，先别着急将花草搬到室外，以免受到冻害，要逐步提高花草对室外环境的适应能力。

科学施肥，合理用量

春季是花草茎叶生长最快、开花种类最多的季节，因此需要养花人科学地施肥，保证植物养分充足，以每周或每半月施肥1次为宜。但不同的花卉种类，对肥料的要求大有不同。对耐肥花卉如月季、大花蕙兰等，施肥量可多些，间隔的时间短些；对喜少肥的花卉如比利时杜鹃、蝴蝶兰等，施肥量可适当少些，间隔的时间也应长些。

不败指南

刚换过盆的花草比较脆弱，此时不宜立即施肥，最好等到其恢复较好后再进行，一般在一个半月或两个月后便可正常施肥。

春季是换新盆的最好季节

对大多数花草、多肉植物来说，春季是生长旺期，此时为植物提供一个新的生长环境，即换盆尤为重要。换盆时间最好是在花后或萌芽前。使用陶质新盆需要浸泡，若用旧盆则必须清洗消毒。

多肉换盆具体操作 工具：镊子、剪刀、小铲、软刷、铺面小石子、土壤、陶盆

1.将镊子从育苗杯边插入，自下而上地将植物从育苗杯中推出。

2.轻轻地将根部所有土壤去除，用剪刀剪去所有老根和枯叶。

3.选择合适的位置摆放，一边用小铲加土，一边轻提植物。

4.加土至距离盆口2厘米的地方为止。用手指轻压土壤。

5.铺上一层小石子，既可支撑株体，又能降低土壤温度。

6.用软刷清理干净植物表面和盆边泥土后，放半阴处养护。

夏季花草也要防晒

做好防晒降温工作

夏季指阳历的5~7月，此时气温显著上升，南方地区比东北地区更早进入初夏。长江以南地区平均气温在20℃以上，华北地区气温也在20℃左右，东北大部分地区气温上升到10℃以上。夏季气温逐渐升高，空气比较潮湿，光照时间变长且强度增大，还会出现高温天气。除了喜光的茉莉、荷花、月季等以外，凡盆栽的扶桑、八仙花、山茶花等应给予适当的遮光，有利于叶片生长和开花。

不败指南 处于休眠或半休眠状态的植物，如君子兰、仙客来等，最好将其摆放在阴凉和通风良好的场所，盆土不宜过湿，有助于安全过夏。

勤修剪、少施肥

对于花草来说，夏季是一个快速生长、现蕾开花的季节。勤修剪可使植株的外形更加美观，有些草本花卉经过摘心和摘除残花后，花开得更旺盛，植株更健壮。对于木本花卉来说，正确的修剪不仅能提高花木移栽的成活率，而且能调节花木的长势，促进开花、结实，控制新梢的生长。

夏季虽然是观叶植物、水生花卉的生长旺季，但也存在着一批喜半阴、怕炎热的花草，它们在进入夏季后生长速度减缓，新陈代谢减弱，当温度高于30℃时，进入休眠或半休眠的状态。所以，对于此类植物还应尽量减少施肥，必要时暂停施肥，以免造成烂根。

梅雨季节是扦插繁殖的最佳时机

6月，长江中下游地区进入梅雨季节，气候湿热、阴雨连绵。此时，温度和湿度适宜，半成熟枝大量产生，对花草的扦插繁殖十分有利，尤其适合月季、扶桑、茉莉等木本花卉的扦插繁殖。剪取嫩枝或半成熟枝条扦插，一般成活率较高。

山茶花、长寿花等可用叶芽法扦插，富贵竹、常春藤等可用水插法，观叶植物和多肉植物中有不少种类可用叶插繁殖。

扦插具体操作图

1.剪取当年生、健壮无虫害枝条，剪去基部的叶及侧枝，保留上部1~2片叶。

2.立即插入盆中，深度为插穗长的1/3~1/2，浇透水，罩塑料袋，置阴凉处。

3.注意喷水保湿，20天后逐渐增加光照和水分，30天左右新叶变绿。

秋季注意保留养分

适量施肥，补充营养

秋季指阳历的8~10月，此时气温开始逐渐下降。对于大多数盆栽花卉来说，秋季补充养分对茎叶的生长和开花均十分有利，施肥时应以磷钾肥为主，尽量减少氮肥的使用量。如四季秋海棠、万寿菊、天竺葵等，可用"卉友"15–15–30盆花专用肥；鸿运当头、合果芋等观叶植物，用"卉友"20–20–20通用肥；菊花、非洲菊等，可用"卉友"20–8–20四季用高硝酸钾肥。一旦天气转凉，施肥的间隙可以适当拉长，使生长速度减慢，提高植株的抗寒能力。养花新手还需根据不同花草的习性区别对待。对春季开花的比利时杜鹃、山茶花等植物，要施以磷钾为主的液肥，提高花草抗寒性能；对秋季开花的扶桑、长寿花等植物，则需供给较充足的水肥，防止出现落蕾现象。

不败指南 因江南地区秋季晴热少雨的气候特点，气温有时甚至比小暑至大暑时还要高，施肥多了反而容易导致植株状态不佳，所以进入秋季后不要盲目施肥。

修剪，保留养分

入秋气温在20℃左右时，大多数植物易萌发较多的嫩枝，除了根据需要保留部分之外，其余的均要及时剪除，以减少养分消耗。四季秋海棠、倒挂金钟、天竺葵等，花后剪除过高茎秆，压低株形，促使分枝，可继续开花。合果芋、吊竹梅等枝蔓过长影响株态时，可适当进行疏剪。

勿忘防寒抗冻

秋季天气渐冷时，不要着急关门窗，让植物逐渐适应温度变化，培养其抗冻能力。当气温下降剧烈或出现霜冻时，要及时关窗，防止骤然低温给花草造成伤害。

欣赏多肉植物最美的季节

秋季是多肉植物最美的季节，气温凉爽，加上昼夜温差增大，悉心照顾，多肉植物很容易变成果冻色。

由于多肉植物有夜间生长的特性，根据气温的变化，初秋的傍晚及深秋的午后浇水，有利于植株的生长。阴天少浇水，下雨天则停止浇水。增加空气湿度对原产在高海拔地区的多肉植物十分有利，在秋季生长期，相对湿度宜保持在45%~50%，少数种类可达到70%左右。

进入秋季，多肉植物生长速度相对加快，适时、合理的修剪，不仅可以压低株形，促使分枝，让植株生长更健壮，株形更优美，还能促使其萌生子球，用于扦插或嫁接繁殖。

不败指南 新手们可千万别为了追求多肉植物的变色，将其从室内突然移至室外，人为地给多肉制造温差，这样很容易冻伤多肉。一般温差在10℃左右较易变色。

冬季养花要防冻

防冻是关键

冬季指阳历的11月至翌年1月，此时气温明显下降，降雨量减少，降雪量增多，夜间常出现霜冻。寒冷的冬季，必须将盆栽植株搬进室内温暖、阳光充足处，必要时可在花盆外用塑料薄膜罩起来进行保温，预防冻害和霜害，中午气温较高时摘下塑料薄膜片刻，以利空气流通。

多晒晒太阳

进入冬季，光照强度下降，而花草恰恰又需要光照进行光合作用，生成有机养分，以提高植株的抗寒性。如果缺乏适宜的光照，花草就会缺乏养分和能量，容易发黄，不会出现色彩和斑纹，难以生长。

不败指南

在同一株植物上，充分接受光照的枝条，形成的花芽就多，将来开花也多，而光照不足的枝条，形成的花芽就少，将来开花也少。对于一些冬季开花的植物，多晒晒太阳可以促进开花。

越冬摆放有讲究

冬季的阳台挤满了各种好花。为了让花开得美，开的时间长，就要根据其喜光程度有序地摆放。特别是喜光的花草、仙人掌和多肉植物，应摆在靠窗的位置；处于休眠、半休眠和耐阴的花草可放在阳台低处或靠内墙的地方。

室内过冬的花草都要远离热风口放置，以免热空气长时间吹袭，导致花期缩短、花蕾掉落、茎叶干枯受损。避免室内温度偏高，刺激半休眠状态的花草提早苏醒。

此外，大多数多肉植物原产热带、亚热带地区，其冬季温度比我国大部分地区要高，所以，当冬季来临时，绝大多数种类的多肉植物必须搬至室内阳光充足的地方越冬。如果室温过低或长期处于荫蔽处，就会造成植株生长不良，甚至逐渐萎缩。

适当通风，注意保湿

对冬季搬入室内的花草和多肉植物来说，如果空气不流通或者湿度过大，则会引起植株病变。为了避免这种情况，室内需每1~2天通风1次，但要避免冷风直吹盆栽。

冬季除福州以南地区尚可露地栽培外，其余地区均需要将花草搬进棚室或温室内栽培，但室内的空气相对干燥，非常不利于喜湿润的植物越冬。因此，室内保湿显得尤为重要。

此时可常用与室温接近的清水喷洒，喷水量不宜过多，以喷湿叶面为宜，为冬季在室内养护的花草增加空气湿度。喷水时注意通风，保持空气流通。

新手也会浇水

春季增加浇水量，盆土保持湿润

春季养护花草时应根据气温的变化，逐渐增加浇水量，在气候较为干燥时，可经常向叶面喷雾，提高空气湿度。草本花卉如雏菊、冰岛虞美人等，应保持盆土湿润，但不能积水，否则根部就会出现褐化、腐烂。木本花卉如米兰、梅花等，在两次浇水中间必须有一段稍干燥的时间。一般来说，草本花卉每周浇水1~2次，木本花卉每7~10天浇水1次。

而对于刚走出休眠期的多肉植物来说，春季是多肉植物的生长期，水分尤为重要，每15~20天浇水1次，以早晚浇水为宜。温度高时多浇水，温度低时少浇水，遇到阴雨天，多肉植物水分蒸发少，一般无需浇水。盆土保持湿润，有助于多肉植物尽快地从冬眠中苏醒过来。浇水前务必先松松土。

不败指南

刚刚栽种的多肉植物，根系还不发达，对水分的吸收能力较弱，因此不宜多浇水。而已经养护一段时间的多肉植物，根系健壮，能很好地吸收水分，可以正常浇水。

夏季切忌中午浇冷水

夏季气温升高，花草对水分的需求也相应增加，加强水分补充，不仅可以保证花草健壮生长，还能达到降温增湿的效果。浇水以早晨和傍晚为宜，切忌中午浇冷水。

因为盛夏中午气温达到最高，植物叶面的蒸腾作用较强，水分蒸发较快，根部需要不断地吸收水分。如果此时给花草浇冷水，土壤温度便会骤然降低，使花草的根毛受到低温的刺激，出现阻碍水分正常吸收的情况，从而出现“生理干旱”、叶片焦枯的现象，严重时甚至会引起花草死亡。

到了夏季，草本花卉如三色堇、含羞草等，每1~2天浇水1次，高温时每天浇水1~2次；宿根花卉如美女樱、天竺葵等，每周浇水2~3次；球根花卉如百合、绿巨人等，高温时每周浇水1~2次；木本花卉如栀子花、米兰等，若发现2~3厘米深的盆土已干燥，应立即浇水。观叶植物如吊兰、富贵竹等，早晚适当向叶面喷水。

不败指南

夏季养护花草可每隔半月将花盆浸泡于水中，浸透后取出，以保证盆土湿度均匀。

秋季及时浇水，喷水增湿

初秋时节，气温有时仍比较高，昼夜温差逐渐增大。对一般草本花卉来说，如四季秋海棠、天竺葵、非洲菊等，茎叶水分蒸发量较大，需要及时补充水分，以防叶片凋萎，影响生长和开花。盆栽的倒挂金钟、桂花等，需要保持土壤湿润。金琥可以稍干燥一些。鸿运当头需保持叶筒中有水。

此外，喜湿的花卉如文心兰、蝴蝶兰、大花蕙兰等均需保证较高的空气湿度，一般为70%~80%。对空气湿度要求适中的花卉如扶桑、茉莉等一般不低于60%。这些花卉如果长期处在干燥的环境中，叶片会变黄、发红、变小、变薄，变卷曲或干焦。所以，应经常给叶面及周围地面喷水或喷雾，以增加空气湿度。

不败指南

在给盆栽植物浇水时，可在花盆下面加个托盘，浇水后及时将托盘中的积水倒掉，避免影响根部透气。

冬季晴天中午浇水

冬季给室内花草浇水，必须视室温的变化来调节。北方室内环境干燥，可以向叶面喷水，增加空气湿度。长江流域地区一般浇水不宜过多，浇水间隔的时间要视室温变化而定。浇水以晴天中午为宜，水温尽量接近室温。

若花草已经进入冬季休眠期，其根部对水肥的吸收缓慢，盆土不干不用浇水，更不宜施肥。若犯了“勤浇水”的新手常见错误，导致盆土长期过湿，则会使植物烂根死亡。

除此之外，需要提醒新手们，浇水有四忌：一忌向薄的花瓣上浇水，容易造成花瓣褐化，如仙客来等；二忌向有细茸毛的叶片上浇水，会导致叶片出现黑斑，如碰碰香等；三忌向叶芽和花芽上浇水，会影响正常展叶和开花；四忌向花盆浇水方式不当，水到处乱滴乱淌，影响楼上楼下邻里关系。

向叶面喷水，可以让叶片在冬季干燥时也保持亮泽。

不可缺的花盆

花盆又称盆钵或盆栽容器，是花草的“家”。花盆的形式多种多样，一个好的花盆应该是坚固、匀称和美观的，而且对花草的生长和室内装饰可起到辅助作用。

一般来说，花盆的深度应是植株高度的1/4~1/3，如一株1.2米高的植物，其花盆的深度需达30厘米以上。而花盆直径的大小，一般为容器深度的2/3，即30厘米的深盆，其直径应为20厘米左右。花草与花盆要平衡、和谐、有整体感，切忌出现头重脚轻或小苗栽大盆的现象。

花盆种类	花盆图	成品图
塑料盆		虹之玉
瓷盆		条纹十二卷
玻璃盆		多肉组合
陶盆		松之霜锦
木盆		长寿花

我的花该选哪种花盆?

花盆无论其形状和体积如何，首先要能支撑和保护花草的根系，让其吸收充足的水分和养分，并在花盆中正常生长发育。体积较大的，如滴水观音、橡皮树等宜栽深的盆中；体积较小的，如小型多肉等，宜栽卡通盆、异形盆。

有孔的花盆好还是无孔的好?

最好选择底部有孔的花盆，如果忘记将多余的水倒掉，就容易造成盆器的底部长期处于积水状态，导致花草因根部不透气而死亡。也可与托盘或套盆等防漏装饰容器一起使用。注意经常倾倒积水，防止根系腐烂。

适宜花草	优缺点
中、小型花卉或多肉植物养护与换盆用。	**优点:** 质地轻巧、外观美观、价格便宜。 **缺点:** 透气性和渗水性较差，而且使用寿命较短。
耐水湿的植物观赏用盆。	**优点:** 瓷盆精细，涂有各色彩釉，有的还绘有精美的图案，造型美观，常用于做套盆。 **缺点:** 透气性和渗水性较差，极易受损。
水培花卉、多肉植物拼盘用盆。	**优点:** 造型别致、简约高雅、清新洁净，具有观赏性。 **缺点:** 没有排水孔，极易积水，而且容易破损。
中、小型花卉养护或换盆用。	**优点:** 陶盆由陶土焙烧而成，因由手工制作，其造型与体积不一，具有透气性好、不容易积水的优点。此外，盆器本身具有重量，植株不易倾倒。 **缺点:** 盆器较重，容易破损，搬运不方便。
中、大型花卉栽培。	**优点:** 木盆常用柚木制作，呈现出非常优雅的线条和纹理，具有田园风情。 **缺点:** 一般体积较大，搬动困难，容易腐烂损坏。

少不了的工具

家庭养花的初学者，在花草的日常养护过程中，需要购置一些必要的园艺小工具，以便于更好地管理花草。

如何用竹签判断盆土缺水?

判断盆土是否缺水，可将竹签或细木棍插入土壤中，适当停留一段时间，如果没有将盆土带出，则表示盆土干燥，可以浇水。如果有盆土带出，则表示盆土湿润，无需浇水。

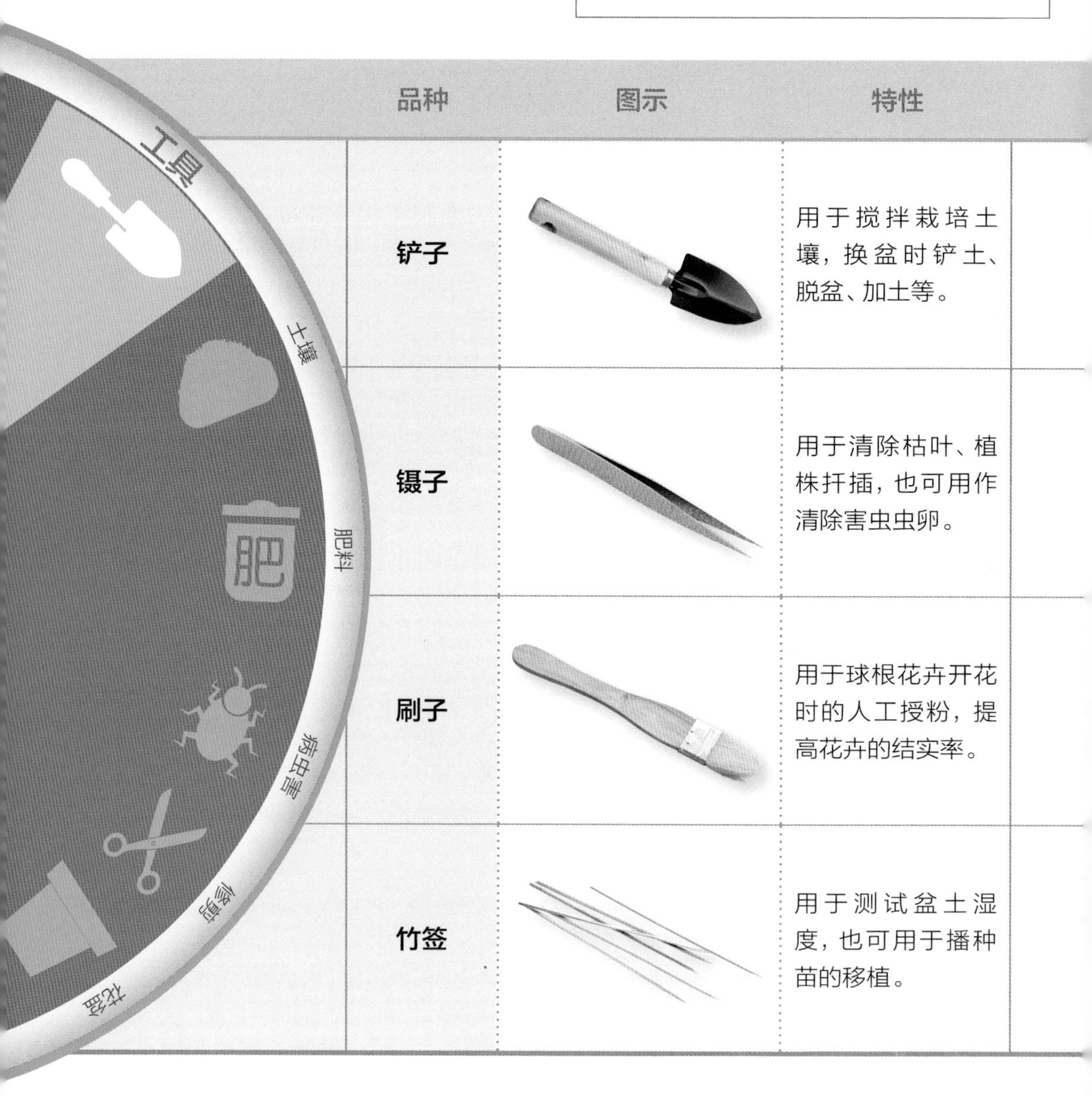

品种	图示	特性
铲子		用于搅拌栽培土壤，换盆时铲土、脱盆、加土等。
镊子		用于清除枯叶、植株扦插，也可用作清除害虫虫卵。
刷子		用于球根花卉开花时的人工授粉，提高花卉的结实率。
竹签		用于测试盆土湿度，也可用于播种苗的移植。

如何给多肉浇水?

给多肉浇水时，推荐使用挤压式弯嘴壶，可控制水量，防止水大伤根，同时也可避免水浇灌到植株中，防止叶片腐烂，浇水时沿容器边缘浇灌即可。对于瓶景中的多肉植物以及迷你多肉植物，通过滴管浇水更佳。

按时给花浇水花却腐烂了?

可能是直接对着花卉喷水导致的。如果是给已经开花的植物浇水，使用喷雾器时，切忌直接向着花朵喷，否则易引起花瓣腐烂。如果是给有细茸毛的观叶植物浇水，也不要直接浇到叶面上，否则会导致叶片腐烂。

品种	图示	特性
喷雾器		用于空气干燥时，向叶面和盆器周围喷雾，增加湿度，去除灰尘；也可喷药和喷肥，控制病虫害。
浇水壶		用于日常浇水和施肥，现代养花常用带长嘴和配有细喷头的浇壶，通常有铁皮和塑料的两种。
修枝剪与剪刀		用于剪取插条、插叶、修根、修枝、摘心、更新复壮等，如花开繁密时，可用小剪刀剪取细枝，保持植株美观，以促进植株生长。
嫁接刀		用于果树、盆景、苗木嫁接，是繁殖工作的必需品，也是重要的园艺工具，有时也可用刀片代替。

选对土壤

家养花卉用的土壤，一般来自配置的栽培土壤或直接选购专用的花卉营养土。虽然也可以到郊外去采挖山土或田园土，但是并不适合新手。

配好的土壤，并不能直接使用，一定要经过高温杀毒后才能使用。高温杀毒方法有两种：蒸和炒。蒸，即将配好的土壤放入合适盆器中，一起摆进大锅，开中火蒸煮约10分钟，取出冷却。炒，即将配好的土壤倒入平时炒菜的炒锅中，开中火，不断翻炒约10分钟，取出冷却。

杀毒后的土壤，须在冷却后喷适量水，搅拌均匀，调节好湿度后上盆。湿度保持在50%~60%为宜。

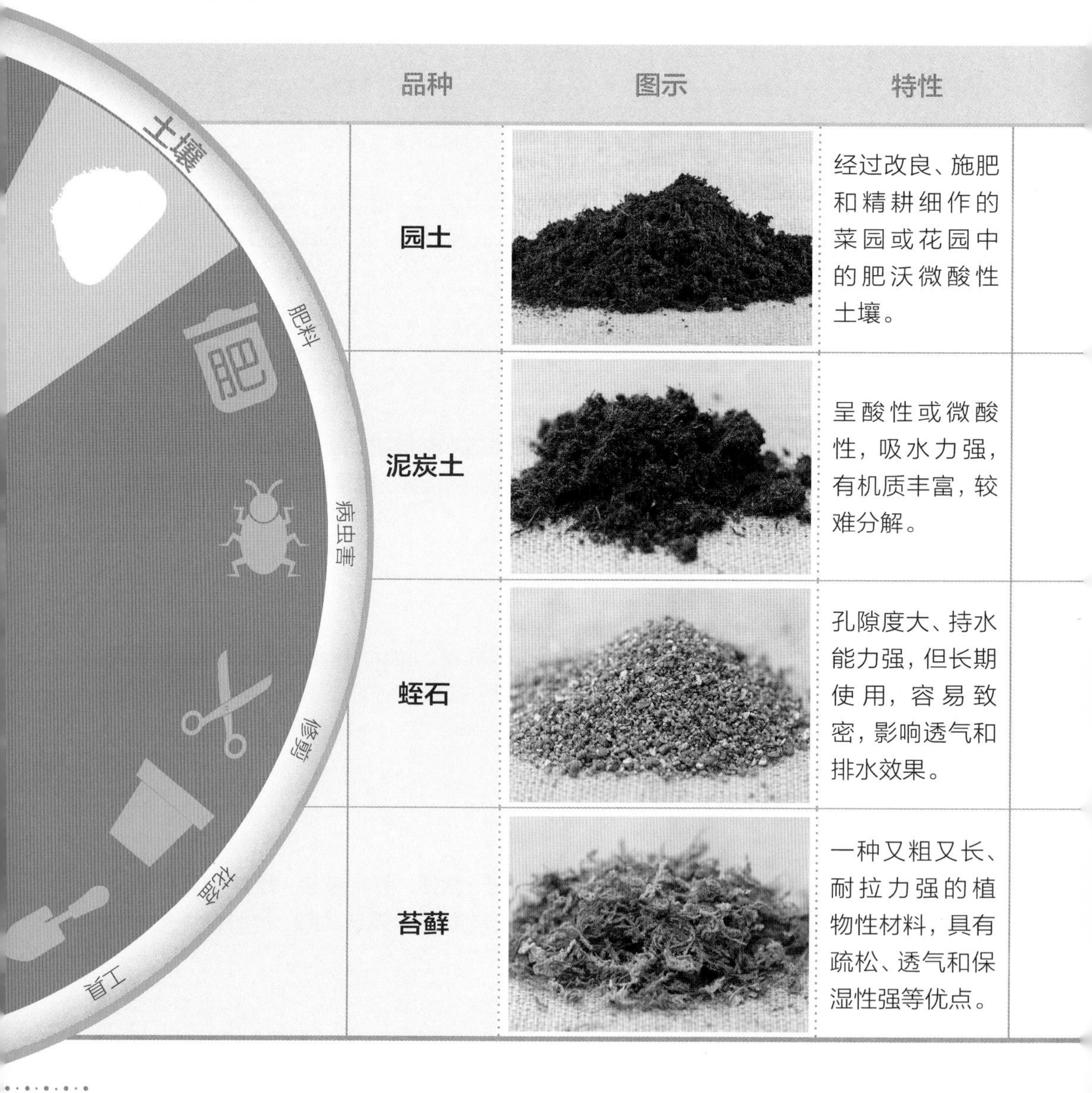

品种	图示	特性
园土		经过改良、施肥和精耕细作的菜园或花园中的肥沃微酸性土壤。
泥炭土		呈酸性或微酸性，吸水力强，有机质丰富，较难分解。
蛭石		孔隙度大、持水能力强，但长期使用，容易致密，影响透气和排水效果。
苔藓		一种又粗又长、耐拉力强的植物性材料，具有疏松、透气和保湿性强等优点。

花草栽植多深?

一二年生草本花卉和多年生宿根花卉，不宜深栽。球根花卉的栽植深度一般是球根纵径的2~3倍，如小苍兰的栽植深度为3~6厘米，百合栽植深度为4~5厘米，仙客来的块茎一半露出土面。

怎么判断土壤的湿润程度?

在高温杀毒后，用手抓一把土壤，握拳捏成团，约1分钟后松开手。土壤呈团状，并能够自然松散者，则湿润度适宜。若土壤结成团后不能自然松散，则太湿；若无法捏成团，则说明土壤太干。

品种	图示	特性
腐叶土		由枯枝落叶和根腐烂而成，具有丰富的腐殖质和良好的物理性能，有利于保肥和排水，土质疏松、偏酸性。可集落叶堆积发酵腐熟而成。
培养土		常以一层青草、枯叶、打碎的树枝与一层普通园土堆积起来，并浇入腐熟饼肥等，让其发酵、腐熟后，再打碎过筛而成。有较好的持水、排水能力。
珍珠岩		具有封闭的多孔性结构，材料较轻，透气良好，质地均匀，不分解，保湿，但保肥较差，易浮于水上。
陶粒		由陶土焙烧而成，呈蜂窝状颗粒，直径大小不等，从0. 5~3厘米不等。透气性好，但保水性差。

适当施肥

给植株施肥前，最好先了解植株的喜肥程度。如吊兰、君子兰等为喜肥植物；仙客来、八仙花等为较喜肥植物；比利时杜鹃、四季秋海棠等为喜少肥植物。

其次，根据植株的“年龄”，把握施肥时的肥料用量。刚萌芽不久或播种出苗不久的花卉，对肥料要求较少；随着生长加速，肥料的用量逐步增加；到一定阶段后，所需肥料量相对趋于稳定。

最后，按照植株的生长发育阶段，判断该使用何种类型的肥料。营养生长阶段，需要氮肥多些；孕蕾开花阶段，需要增加磷肥。生长旺盛期应多施肥，半休眠或休眠期则应少施肥或停止施肥。

常见肥料	图示
有机肥	饼肥
无机肥	尿素
市售专用肥	“花宝”系列专用肥

花卉四季施肥有何区别?

春季花草茎叶生长最快、开花种类最多,需补充营养,应多施;夏季部分花草进入半休眠状态,应少施;秋季适量施肥对茎叶的生长和开花十分有利;冬季部分花草进入落叶休眠期,应减少或停止施肥。

新手施肥要注意什么?

第一,施肥浓度不宜过高,次数不宜过多,以免导致根部受伤或腐烂;第二,植物缺水时不宜施肥,以免发生肥害;第三,肥料应使用得当,需磷肥的植株勿施氮肥;第四,有机类肥料须腐熟发酵后使用。

适宜花草	代表肥料	优缺点
适合除多肉植物和仙人掌植物的大部分植物。	各种饼肥、家禽家畜粪肥、鸟粪、骨粉、米糠、鱼鳞肚肠、各种下脚料等,主要来源于自然物质。	**优点:** 肥力释放慢、肥效长,容易取得,不易引起烧根等肥害。 **缺点:** 养分含量低,有臭味,容易弄脏花卉的叶片。
适合开花或结果的植物,在开花前或结果前使用。	包括硫酸铵、尿素、硝酸铵、过磷酸钙、氯化钙等,通常被习惯称为"化肥"。	**优点:** 肥效快、花卉容易吸收、养分含量高。容易控制浓度,适合大规模生产。 **缺点:** 使用不当容易伤害花卉。
适合相对应的植物,例如兰花专用肥适用于蝴蝶兰、文心兰、石斛等,盆花专用肥适用于菊花、百合、天竺葵等。	现在,花卉肥料已广泛采用氮、磷、钾配制的"复合肥",如质量较好的有"卉友""花宝"系列水溶性高效营养肥,还出现了不少专用肥料。	**优点:** 可根据土壤酸碱度和土壤所含微量元素来制定使用量。还可以根据不同花卉种类的需要来施用。

远离病虫害

花卉在栽培过程中，遇到高温干燥、通风不畅的情况，常会出现病虫害。此外，花卉受光照和养护管理等因素的影响，也容易诱发病虫害并蔓延。要想轻松防治病虫害，关键还在于正确认识和预防常见的病虫害。

新手们尤其要注意室内通风，特别在梅雨季节，若是通风不及时，室内常出现高温、多湿现象，容易诱发叶斑病、白粉病等病害。秋季高温干燥或冬季通风不畅，易导致红蜘蛛、介壳虫的危害。所以，及时做好室内通风，是养好花草的必修功课。

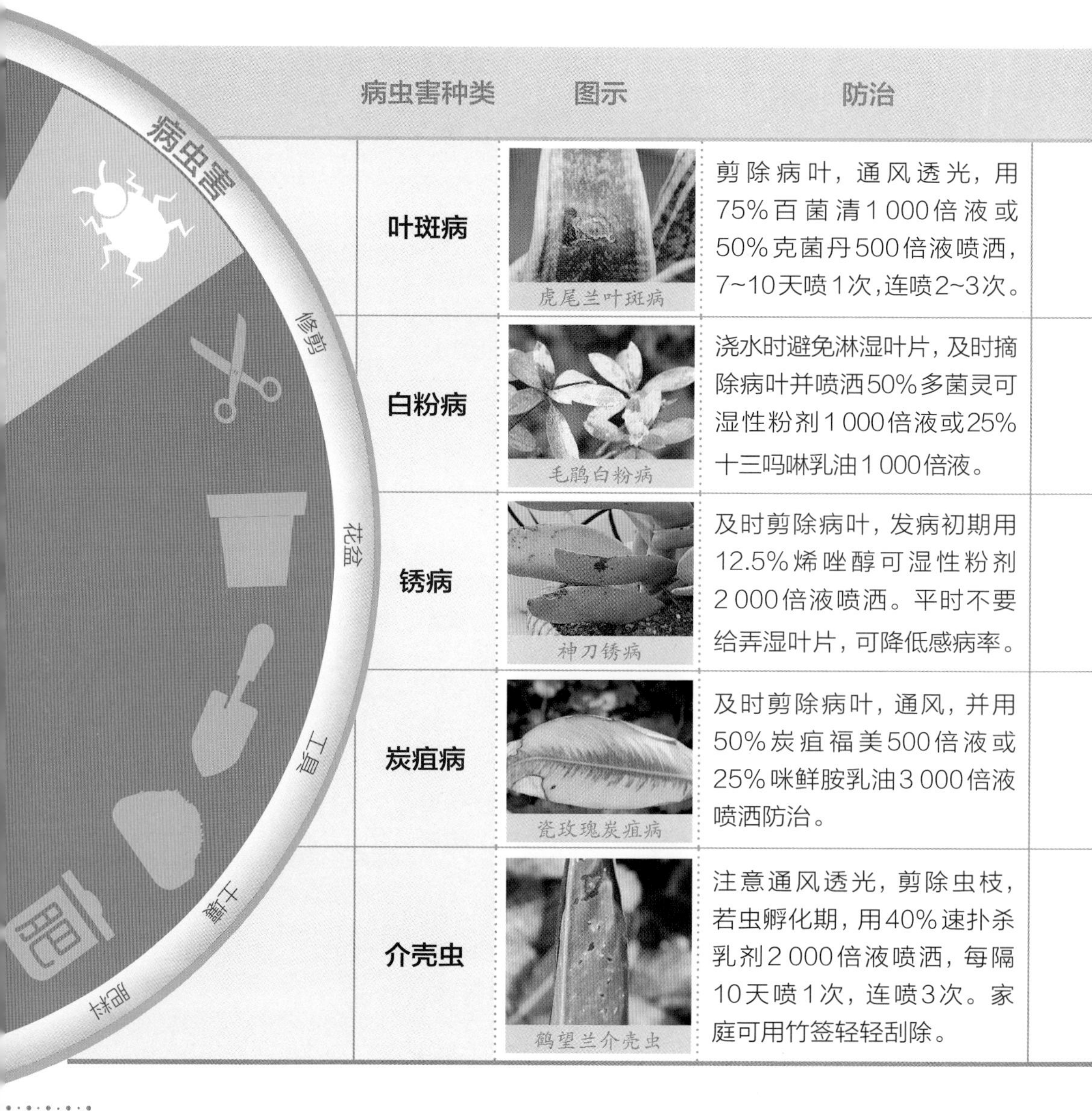

病虫害种类	图示	防治
叶斑病	虎尾兰叶斑病	剪除病叶，通风透光，用75%百菌清1 000倍液或50%克菌丹500倍液喷洒，7~10天喷1次，连喷2~3次。
白粉病	毛鹃白粉病	浇水时避免淋湿叶片，及时摘除病叶并喷洒50%多菌灵可湿性粉剂1 000倍液或25%十三吗啉乳油1 000倍液。
锈病	神刀锈病	及时剪除病叶，发病初期用12.5%烯唑醇可湿性粉剂2 000倍液喷洒。平时不要给弄湿叶片，可降低感病率。
炭疽病	瓷玫瑰炭疽病	及时剪除病叶，通风，并用50%炭疽福美500倍液或25%咪鲜胺乳油3 000倍液喷洒防治。
介壳虫	鹤望兰介壳虫	注意通风透光，剪除虫枝，若虫孵化期，用40%速扑杀乳剂2 000倍液喷洒，每隔10天喷1次，连喷3次。家庭可用竹签轻轻刮除。

花枝上有小黑虫，怎么消灭？

花枝上出现小黑虫，大体上是发生了蚜虫危害，春秋季虫体呈棕色至黑色，夏季呈黄绿色。家庭防治可用烟灰水、橘皮水、肥皂水等涂抹花枝或叶片，也可用黄色板诱杀有翅成虫或用10%吡虫啉可湿性粉剂1 500倍液喷杀。

多肉生虫子了怎么办？

当你在多肉的叶片上发现了一只小虫子，千万不要掉以轻心，要先将发现的虫子用镊子夹出处理掉，再配药水喷杀。如发生介壳虫危害可用速扑杀乳剂800~1 000倍液喷杀，红蜘蛛可用40%三氯杀螨醇乳油1 000~1 500倍液喷杀。

病虫害种类	图示	防治
灰霉病	 紫芋灰霉病	发病初期开窗通风，降低空气湿度，剪除病叶，用70%甲基硫菌灵可湿性粉剂800倍液或50%多菌灵可湿性粉剂800倍液喷洒防治。
蚜虫	 菊花蚜虫	少量时可捕捉幼虫，用黄色板诱杀有翅成虫或用烟灰水、皂荚水、肥皂水等涂抹叶片和梢芽。量多时用40%氧化乐果乳油1 000倍液或50%灭蚜威2 000倍液喷洒灭杀。
斑枯病	 栀子花斑枯病	发病前，可喷洒波尔多液或波美0.3度石硫合剂预防。发病初期用50%多菌灵可湿性粉剂600倍液或70%代森锰锌可湿性粉剂2 000倍液喷洒。
红蜘蛛	 桂花红蜘蛛	又叫朱砂叶螨，危害期用40%扫螨净乳油4 000倍液或40%氧化乐果乳油1 500倍液喷杀。家庭可用水经常冲刷叶片或用乌桕叶、蓖麻叶水喷洒灭杀。
白粉虱	 红毛掌白粉虱	在黄色胶合板上涂黏胶剂进行诱杀；或用塑料袋罩住盆花，用棉球滴上几滴80%敌敌畏乳油，放进罩内下部，连续熏杀几次即可消灭。

学会修剪

很多养花新手在养花时，常常忽略修剪枝条，导致盆栽不能生长旺盛。其实，修剪不但能使株形更加美观，而且能促进植物快速生长。

有些盆栽植株如茉莉、扶桑、月季等，生长迅速，如不及时修剪，会出现植株徒长，无法及时吸取营养，造成植株因老化而死亡。如果长得太高，也会给室内带来许多不便。

新手们可千万别舍不得修剪，耽误了花草修剪的最佳时机。及时摘除残花，剪取枯枝、过密枝是养花种草的一项日常性工作，这具有三个好处：一是增加植株美观；二是减少养分损失；三是促使花芽生长。

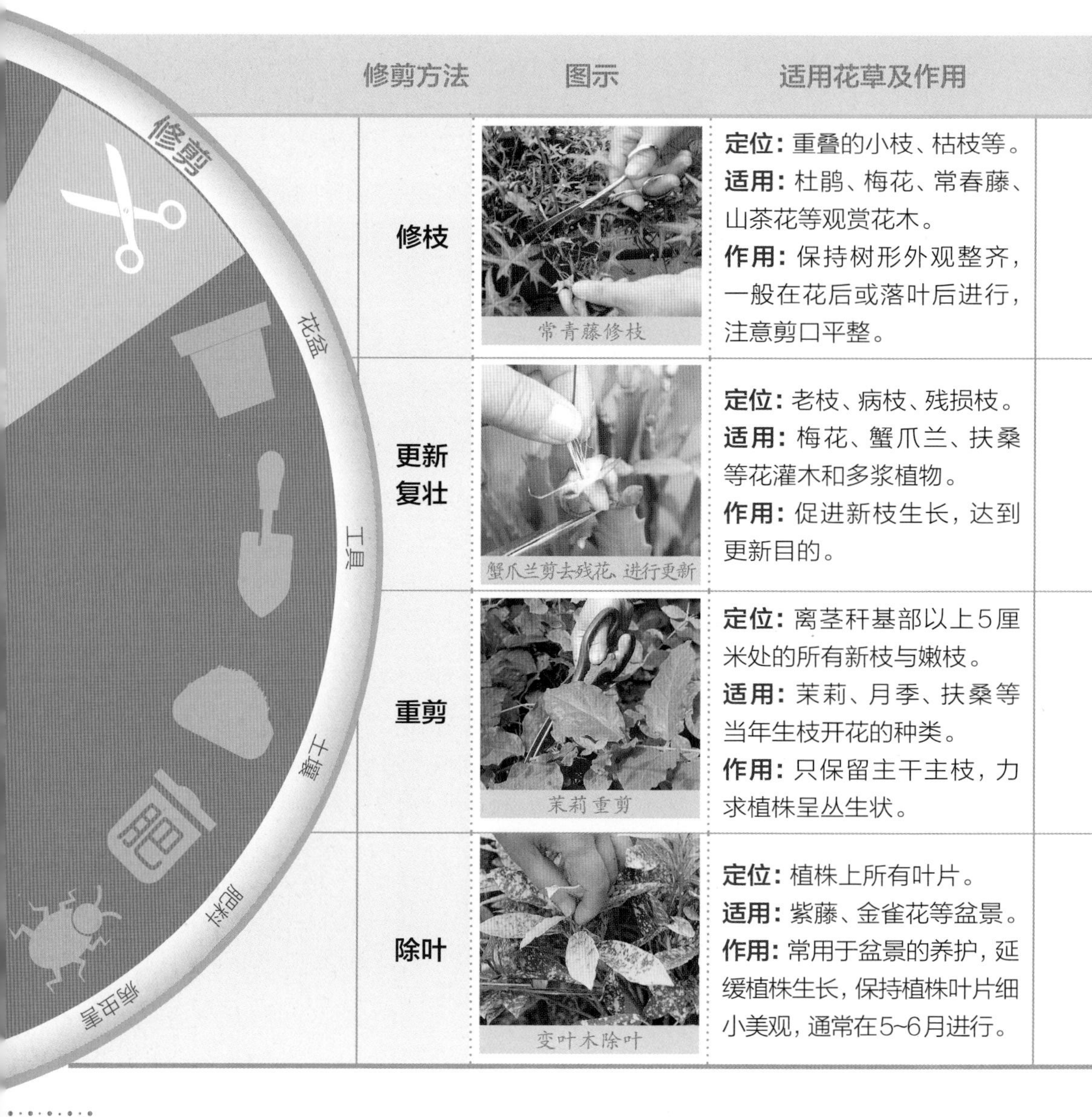

修剪方法	图示	适用花草及作用
修枝	常青藤修枝	**定位：**重叠的小枝、枯枝等。 **适用：**杜鹃、梅花、常春藤、山茶花等观赏花木。 **作用：**保持树形外观整齐，一般在花后或落叶后进行，注意剪口平整。
更新复壮	蟹爪兰剪去残花，进行更新	**定位：**老枝、病枝、残损枝。 **适用：**梅花、蟹爪兰、扶桑等花灌木和多浆植物。 **作用：**促进新枝生长，达到更新目的。
重剪	茉莉重剪	**定位：**离茎秆基部以上5厘米处的所有新枝与嫩枝。 **适用：**茉莉、月季、扶桑等当年生枝开花的种类。 **作用：**只保留主干主枝，力求植株呈丛生状。
除叶	变叶木除叶	**定位：**植株上所有叶片。 **适用：**紫藤、金雀花等盆景。 **作用：**常用于盆景的养护，延缓植株生长，保持植株叶片细小美观，通常在5~6月进行。

所有花草修剪方法都相同吗?

要根据植株生理特征进行修剪，如天竺葵，花后需将花茎一起剪除；长寿花，花后要和残花序下部一对叶一起剪除；多花报春，花后将花瓣摘掉；月季，冬季在植株的1/3处剪除；草本观叶植物抽出的花序应立即剪除。

长寿花一直都没有分枝怎么办?

很可能是因为在养护爱花的时候，忘记摘心了。摘心就是将茎部顶端的嫩芽摘除，刺激其下位侧芽长出，增加分枝数。草本花卉摘心可促生分枝，使植株更紧凑；木本花卉摘心不仅能促生分枝，还可促进花芽分化和达到植株矮化的目的。

修剪方法	图示	适用花草及作用
摘心	 比利时杜鹃摘心	**定位:** 植株茎部顶端的叶片上方。 **适用:** 小菊、长寿花、天竺葵、网纹草、美女樱、碰碰香等植物。 **作用:** 促使多分枝，多形成花蕾，多开花，使株形更紧凑。在植株生长期可多次进行摘心处理，以焕发生机，注意剪口要求平整。
修根	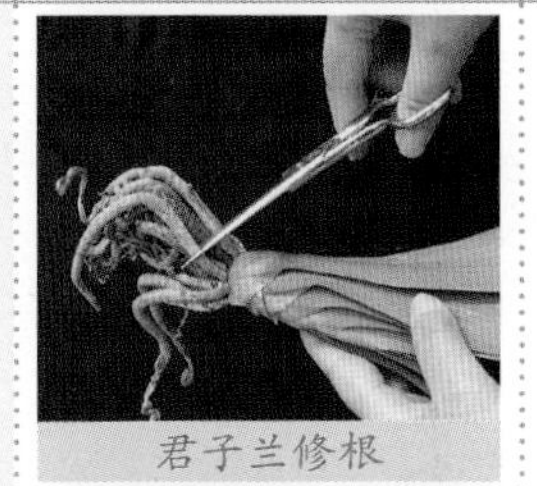 君子兰修根	**定位:** 过长的主根或受伤的根系。 **适用:** 移栽或换盆的花卉。 **作用:** 移栽时将过长的主根或受伤的根系加以修剪整理。换盆时，将老根、烂根和过密的根系适当疏剪整理。
短截	 文竹短截	**定位:** 整个植株或离主干基部10~20厘米以上部分。 **适用:** 铁线莲、常春藤等藤本植物和长寿花、四季海棠等草本花卉。 **作用:** 促使植株主干的基部或根部萌发新枝，常用于植株过高、居室中难于存放或植株生长势极度衰弱的植物，通过短截措施，以焕发生机。
摘蕾	 山茶花摘蕾	**定位:** 有多个花蕾的花枝。 **适用:** 芍药、月季、山茶花等。 **作用:** 为了使花开得大一点，一个花枝往往只留一个花蕾，其余摘除，让养分集中。

新手常见的养花问题

刚买回的花要换盆吗？换盆前有哪些准备工作？

刚买回的花要换盆。先准备好要换的盆和土壤，若使用旧盆，应清洗干净，陶质新盆使用前要浸水一个晚上。盆土应有一定湿度，过于干燥或过于潮湿均不利于根系恢复和水分吸收。另外，原盆土壤若过于干燥，应先行浇水，1~2小时后再行脱盆，以免损伤根系。

换盆有什么好处？什么时候换盆最好？

换盆就是把植物从一个盆中移到另一个盆中，同时更换所有或部分土壤。换盆顺当，对花卉的生长能起到良好的效果。换盆的最佳时间是植物刚刚开始生长时，即萌芽前或开花后。多数花卉如吊兰、常春藤、月季、天竺葵、虎尾兰等，都在早春2月底至3月换盆。另外，早春或春季开花的花卉如君子兰、梅花、春兰、大花蕙兰、山茶花、比利时杜鹃等，可在花后换盆。有些球根花卉如仙客来、马蹄莲等夏季有休眠期，待秋季球根开始萌芽时，即可换盆。

• 换盆时，左手扶住盆土表面，然后倒转花盆，轻轻脱出。

我家院中的几株花灌木，怎么花越开越少、越开越小了？

要使这些花灌木开花多、开得好，必须年年整枝修剪，几年后要狠剪一次，促使其萌发新花枝，才能开好花。同时，10年左右进行一次翻蔸（“蔸”是某些花灌木的根和靠近根的茎，翻蔸就是对挖出的花灌木进行修根修枝的意思）。将其挖出，修根修枝后重新栽植，并施上基肥。

我的小盆栽长得太高了该怎么办？

盆栽植株如果长得太高，会给室内带来许多不便，想保持优美的造型，必须修剪。常绿植物如栀子花等，可在花后或初夏结合扦插繁殖，根据树势进行整形修剪，剪口必须在叶片的上方。落叶植物如月季等，一般在冬季休眠期进行，在植株的1/3处剪除，剪口在外侧芽的上方。

• 花后在叶片上方剪枝，可保持栀子花株形优美。

• 残花及时剪除，有利于栀子花延长花期。

去年春节买的开花盆栽，今年春节怎么不开花了？

花市上出售的盆栽花木，不少是生长在热带地区的花灌木，喜欢高温多湿的环境。如果在养护过程中达不到上述条件，那么要它们长好枝叶，形成花苞也就十分困难。同时，开花过程中要随时剪除凋谢的花序，花后还要剪去已开过花的花枝的一半，促使萌发新花枝，才能继续开花。如果环境条件和修剪措施跟不上，要见花就比较困难了。

盆栽常绿花木冬季搬进室内后，为什么常落叶和落蕾？

一般是由于花木搬进室内后没有注意通风，或者被空调热风吹袭导致的。因此盆栽常绿花木，冬季要防止盆土缺水干燥或过湿，注意通风，防止发生虫害、出现空气干燥或光照不足。同时，室内温度避免时高时低，要远离空调口，以免热风吹袭。

有金边的植株出现回归绿色时怎么办？

所有的斑叶品种都是从绿色叶片中芽变而来。要防止回绿现象，在生长过程中要提供充足的散射光，不能长期摆放在阴暗处；科学地施用氮素肥，严防过量。发现绿色叶片出现，立即剪除，防止全绿的枝叶形成优势。同时，将叶片金边明显的枝条通过扦插繁殖加以更新复壮。

• 金边变窄的叶子居多，是缺少光照或施肥过多的警示。

为什么有些花卉摆在窗台上，花茎很容易弯向有光的一边？

有的花卉如火炬花，对光照反应特别敏感，花茎向光性强。如果光照不足或偏向，花茎易发生弯曲。因此，盆花无论摆放在窗台还是茶几上，都要定期更换位置，转一转方向，否则花茎总歪向有光的一侧，影响品相。

我刚买的观叶盆栽，叶片为什么变黄了？

造成叶片发黄的因素很多，若长期摆放在光线较差的场所、浇水过多，容易引起根部受损，造成底层叶片出现卷曲、变黄。另外，室温时高时低和室内通风不畅，遭受介壳虫危害等原因都会引起叶片变黄，甚至发生落叶。必须找出具体原因，有针对性地改善栽培环境，才能防止继续恶化。

• 彩虹竹芋的叶片出现卷曲，常由于室内空气干燥引起。

• 风信子水培时将一半根系浸入水中即可。

普通盆栽植株可以水培吗？

在室温18~25℃的前提下，用洗根法或水插法取得水养材料。然后放进盛水的玻璃瓶，根系一半浸在水中，放在有纱帘的阳台或窗台。每天补水，夏季每周换水1次；秋冬季每15天换水1次。茎叶生长期每10天加1次营养液，冬季每20天加1次。空气干燥时，向叶面喷雾。水养期随时摘除黄叶并每周转动瓶位半周，受光均匀，有利于开花。

怎样使观果盆栽多结果？

首先要培育健壮的植株，开花时盆株避开雨淋，进行多次人工授粉，就是用毛笔从一朵花到另一朵花进行人工授粉，以利果实的形成。孕蕾后多施磷钾肥，可用磷酸二氢钾或花宝3号喷洒2~3次，促进多坐果。

如何挑选球根花卉种球？

优质的种球是开好花的关键。种球并非越大越好，它必须具备以下标准：一是外形符合种或品种的特征，并达到一定的周径长度或直径大小；二是种球外皮必须完整，有皮鳞茎要有褐色膜质外皮，无皮鳞茎外层平滑呈乳白色；三是触摸感硬，有沉甸感，说明球体充实，淀粉含量充足，如感觉松软，表明球体养分已丧失或者球体内部已开始腐烂；四是种球表层无凹陷、无不规则膨胀、无损伤、无病斑和腐烂；五是种球的顶芽必须完整、健壮、饱满、无损伤。

• 要想风信子开花大而美，买的种球周径要确保16厘米以上。

多肉叶子干枯可以浇水吗?

有些多肉种类叶色发暗红，叶尖及老叶干枯，有人认为是植株的缺水现象。其实多肉植物在阳光暴晒或根部腐烂等情况下也会发生上述现象，此时若浇水对多肉植物不利。因此，浇水前首先要学会仔细观察和正确判断。一般情况下，气温高时多浇水，气温低时少浇，阴雨天一般不浇。

多肉徒长怎么办?

一般多肉徒长是由于光线不足导致的，但这也不是徒长的全部原因，比如十二卷属植株过湿，茎叶会徒长；景天属、青锁龙属、长生草属、千里光属等植株施肥过多，也会徒长；还有比如石莲花属的部分品种，盆土过湿，施肥过多，同样会引起茎叶徒长。

• 茎叶出现徒长，是施肥、浇水过多的警示。

多肉生长缓慢怎么办?

大部分多肉植物生长缓慢是由于光线不足所导致的，但一些多肉本身生长比较缓慢，比如棒叶花属、肉锥花属、肉黄菊属、长生草属等。还有部分品种在特定环境下生长缓慢，比如纪之川在冬季虽然依然保持生长，但是生长缓慢。

• 光线不足时生长缓慢的肉锥花属的风铃玉。

• 冬季生长缓慢的纪之川。

多肉表面柔软干瘪怎么办?

一般来说由于供水和光线都不足，会导致多肉表面柔软干瘪，但如果给足了阳光和水分，多肉还是柔软干瘪，那就要看看是不是根部出现了问题。在干燥环境下的无根多肉，其叶片也同样会柔软干瘪，一般来说对其叶面喷雾就可以了。

天街小雨润如酥，
草色遥看近却无。
最是一年春好处，
绝胜烟柳满皇都。

早春呈水部张十八员外
［唐］韩愈

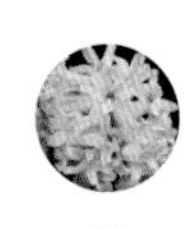

第二章

春季最好养的花草

Chun Ji Zui Hao Yang De Hua Cao

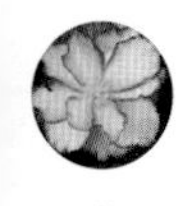

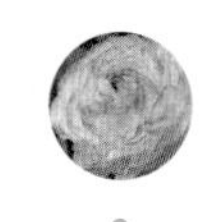

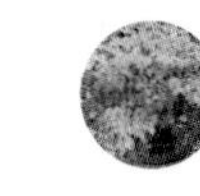
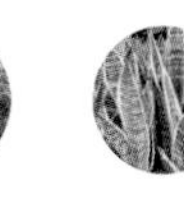

长寿花

Kalanchoe blossfeldiana

〔花期〕冬春季

二月

好 运 齐 来

〔别名〕好运花

〔科属〕景天科伽蓝菜属。

〔原产地〕马达加斯加。

〔旺家花语〕射手座守护花。适宜赠送长辈和老人，祝愿老者“福寿吉庆、延年益寿”。

四季养护

喜温暖、稍湿润和阳光充足的环境。不耐寒，怕高温，耐干旱。生长适温15~25℃，冬季不低于5℃。

全年花历

月份	浇水	施肥	病虫害	换盆/修剪
一月	💧	肥	🐞	
二月	💧	肥	🐞	换盆
三月	💧	肥	🐞	✂
四月	💧	肥	🐞	
五月	💧	肥	🐞	换盆 ✂
六月	💧	肥	🐞	换盆 ✂
七月	💧	肥	🐞	
八月	💧	肥	🐞	
九月	💧	肥	🐞	
十月	💧	肥	🐞	
十一月	💧	肥	🐞	
十二月	💧	肥	🐞	✂

选购

选购长寿花时，以株形美观，分株多，丰满，株高不超过25厘米；叶片卵形、肉质紧凑，深绿色；植株花蕾多并有部分花朵已开放者为宜。花色多样，重瓣者更佳。

选盆/换盆

常用直径12~15厘米的盆。每年春季或花后换盆。

配土

盆栽以肥沃、疏松和排水性良好的微酸性沙质土壤为宜，可用园土、泥炭土和沙的混合土。

摆放

用长寿花点缀在卫生间和书房的窗、书桌、案几、吧台、镜前或桶栽摆放在门厅、入口处、客厅都十分相宜，能衬托出节日欢愉的气氛。

浇水/光照

春季盛花期每周浇水2次，盆土保持湿润。夏季每2天浇水1次，适度遮光40%~50%。秋季每周浇水2次，摆放在阳光充足处，室温15~20℃为宜。冬季室温保持12~15℃，不低于10℃。每周浇水1次。

施肥

生长期每半月施肥1次，用腐熟饼肥水或“卉友”15-15-30盆花专用肥。盛花期每2周施薄肥1次，防止肥液沾污叶片，造成叶片干斑或腐烂。秋季形成花芽时，可适当补施1~2次磷钾肥。

修剪

对于早期开花的盆栽植株，需及时剪取残花，促使萌发新花枝，继续开花。开花逐渐减少时，可将花株剪至原来的一半，结合换盆进行。

繁殖

扦插：长寿花主要采用扦插繁殖，以5~6月或9~10月进行为宜。

病虫害

主要有白粉病和叶枯病危害，用65%代森锌可湿性粉剂600倍液喷洒。虫害有介壳虫和蚜虫，可用40%乐果乳油1 500倍液喷杀。

不败指南

1 长寿花的叶片发红，花期推迟是怎么回事？

答：很可能是因为盆土过于干燥或室内温度偏低，导致植株生长减慢，叶片变红，花期推迟。此时最好将盆栽植株搬至温暖、阳光充足处，室温保持12~15℃为宜，有助于长寿花恢复。

2 长寿花的生长习性怎样？

答：长寿花喜温暖、稍湿润和阳光充足的环境。不耐寒，生长适温15~25℃，夏季超过30℃时，生长受阻，冬季低于5℃，叶片发红，花期推迟。冬春花期室温超24℃，开花受阻。若室温在15℃左右，开花不断。耐干旱，以肥沃的沙质土壤为好。

瓜叶菊

Senecio x hybridus

〔别名〕富贵菊、篝火花。

〔科属〕菊科千里光属。

〔原产地〕加那利群岛。

〔花期〕冬春季。

〔旺家花语〕瓜叶菊有“持久的喜悦”“兴奋”“快乐”“长久的光辉”等花语。

四季养护

喜温暖、湿润和阳光充足的环境。生长适温为5~20℃，白天温度不超过20℃，10℃有利于花芽分化。

全年花历

月份	浇水	施肥	病虫害	换盆 / 修剪
一月	💧	肥		
二月	💧	肥	🐞	
三月	💧		🐞	
四月			🐞	
五月				
六月				
七月				
八月	💧			
九月	💧			
十月	💧	肥		✂
十一月	💧	肥		✂
十二月	💧	肥		

选购

以植株矮生，整体比较紧实、圆整为好；叶片厚实、较多，无白粉病和蚜虫；花株丰满，呈馒头形，有1/4~1/3花朵开放者为佳；花朵大小整齐，花瓣完整，花色鲜艳，色调一致。

选盆/换盆

常用直径12~15厘米的盆。无需换盆，第二年重新播种育苗。

配土

盆栽植株以肥沃、疏松和排水性良好的土壤为宜，可用园土、腐叶土和沙的混合土。

摆放

瓜叶菊适合点缀在卧室窗台、阳台或客厅，特别是蓝色瓜叶菊，尤为诱人。含苞欲放的瓜叶菊，需摆放在阳光充足处。开花的植株，宜放在室内明亮、室温不高的场所。

浇水/光照

春季盆土保持湿润。夏季室温不超过20℃，遇强光暴晒时，注意遮阴。秋季盆土保持湿润，室温保持10~15℃，每周浇水2次。冬季进入盛花期，需将盆栽植株摆放在温暖、阳光充足处，室温保持10~15℃为宜，盆土保持湿润。

施肥

每半月施1次稀释的腐熟饼肥水，花蕾出现后增施1~2次磷钾肥或用"卉友"15-15-30盆花专用肥。花期进入尾声时，停止施肥。切忌氮肥过量，否则易导致病害。

修剪

花后需要采种，必须隔离，防止异花授粉杂交，影响种子品质。为了控制株高，使花序更紧凑，可用0.05%~0.1%B-9液喷洒叶面2~3次。

瓜叶菊施肥和花后管理

❶ 对于花苞多的盆花，每半月施肥1次。

❷ 花败以后，把花茎从根部剪下，再次施肥，又会开出花来。

繁殖

播种：8月室内盆播，播后压平，不覆土；播种盆放进水盆中，从盆底吸水浸湿播种土，取出后盆口盖上玻璃保湿；发芽适温21~24℃，播后1~2周发芽。当播种苗有3~4片真叶时，移入直径6厘米的盆中；叶片长满盆后，移栽至直径为10厘米的盆中。株苗长到10厘米时，移栽于12~15厘米的盆中。

病虫害

常见灰霉病和白粉病的危害，发病初期用65%代森锌可湿性粉剂600倍液喷洒。春季升温时，常有蚜虫危害花枝，用40%氧化乐果乳油1 500倍液喷杀。

不败指南

为什么瓜叶菊的叶片变大且厚度变薄？

答：室温过高时，盆栽植株就会出现徒长，花枝松散，茎节伸长，叶片大而薄，花期明显缩短。室温过低时，叶片和花序都会受到冻害。因此养护瓜叶菊需要严格控制室温，以10~15℃最为适宜。

二月

春归幽谷始成丛，地面芬敷浅浅红。

——《石竹花》［北宋］王安石

石竹

Dianthus chinensis

〔别名〕中国石竹、绣竹、鹅毛石竹。

〔科属〕石竹科石竹属。

〔原产地〕中国。

〔花期〕冬春季。

〔旺家花语〕双鱼座守护花。石竹花是吉祥的象征，古人常将其佩戴在衣服上做装饰，有荣耀、喜悦的寓意。

四季养护

喜凉爽、湿润和阳光充足的环境。耐寒，怕酷热。生长适温为7~20℃，冬季能耐−10℃低温。

全年花历

月份	浇水	施肥	病虫害	换盆/修剪
一月	√	肥		
二月	√	肥		
三月	√	肥		
四月	√	肥		换盆
五月	√	肥	√	
六月	√		√	
七月	√		√	
八月	√		√	
九月	√	肥		
十月	√	肥		换盆
十一月	√	肥		换盆、修剪
十二月	√	肥		

选购

以植株矮生、茎秆粗壮，分枝多，紧密，节间短为好。叶片繁盛、深绿色、匀称，无缺叶、断叶或虫咬病叶。花大，密集，色彩鲜艳，斑纹清晰，花瓣完整，无缺损。

选盆/换盆

苗株具4~5片叶时移栽1次，选择直径10~12厘米盆。

配土

宜肥沃、疏松和排水良好的含石灰质沙质土壤，忌黏湿土壤。

摆放

盆栽或插花适合摆放餐厅窗台或阳台，充足的阳光、良好的通风，会让石竹开花更加鲜艳、耐看。

浇水/光照

春季如遇天气干燥，适当补充浇水，不宜过湿，每周浇水1次。浇水时，切忌将水淋到花瓣上。夏季雨后及时排水，以防烂根。秋冬季盆土保持湿润，摆放在阳光充足的窗台或阳台。

施肥

生长期每月施肥1次，用稀释饼肥水。9月每周施薄肥1次。苗高10~15厘米时，可喷洒矮壮素或B-9液，控制石竹的高度。12月每旬施磷钾肥1次。

修剪

播种后10~11周，苗高10~15厘米时摘心1次，促使基部多分枝，多开花，或用矮壮素和B-9液喷洒处理。

繁殖

播种：9月露地播种，覆盖土3毫米，发芽适温为13~15℃，播后7~10天发芽。一般播后需16~17周开花。

病虫害

8月气温较高，对石竹的生长不利，要防止红蜘蛛和锈病的危害。锈病可用15%三唑酮可湿性粉剂500倍液喷洒。红蜘蛛用40%氧化乐果乳油1 500倍液喷杀。高温天气要预防立枯病、凋萎病。

不败指南

1 石竹有哪些好品种?

答：石竹的花色有粉红、白、红、紫和双色等色，常具紫色花眼和花纹。其中抗热品种有“地毯”“理想”“公主”等系列；大花品种有“冻糕”系列，更具魅力。

2 石竹花能吃吗?

答：石竹的花可作菜肴的着色和调味剂。用石竹花瓣可做石竹糖醋带鱼，此菜鱼酥、花香、色美。石竹花具有清热利水、活血通经的功用。据《日华子本草》记载，石竹叶治痔瘘并泻血，治小儿蛔虫、痔疾。子治月经不通，破血块，排脓。石竹全草鲜品30~60克，水煎服，有抑制肿瘤的功效，治食管癌、直肠癌。石竹作药用时，年老、虚寒、小便不利以及妊娠者禁服。

花色鲜艳、斑纹清晰、花瓣完整的石竹最适合购买。

朱 砂 根

Ardisia crenata

〔别名〕大罗伞、火龙珠。

〔科属〕紫金牛科紫金牛属。

〔原产地〕中国、日本。

〔果期〕冬春季。

〔旺家花语〕有“喜庆瑞祥”的花语，在我国春节和欧美圣诞节，常作为年宵花。

四季养护

喜温暖、湿润和半阴的环境。不耐寒，怕强光暴晒。生长适温13~27℃，冬季温度不低于5℃。

全年花历

月份	浇水	施肥	病虫害	换盆/修剪
一月	💧			
二月	💧			
三月	💧			盆
四月	💧	肥		盆
五月	💧	肥		
六月	💧	肥	🐞	
七月	💧 喷雾	肥	🐞	
八月	💧 喷雾	肥	🐞	
九月	💧	肥		
十月	💧	肥		
十一月	💧			
十二月	💧			

选购

宜选购树姿优美，株丛密集，叶片繁茂，深绿色；挂果多，果实饱满，色彩鲜艳，无病虫和轻摇之不落者。切忌搬动，以免红果掉落。

选盆/换盆

盆栽用直径20厘米的盆，每2年换盆1次，在春季进行，剪除过长的盘根，加入肥沃的酸性土。

配土

肥沃园土、泥炭土和沙的混合土，加少量骨粉和腐熟饼肥。

根大如箸，赤色，此与百两金仿佛。

——[明]李时珍《本草纲目》

摆放

适宜摆放在有纱帘的朝东或朝南阳台、窗台或有明亮光线的门厅、客厅。

浇水/光照

春季盆土保持湿润，适度光照。夏季每周浇水2次，防止强光暴晒。盛夏时，每天向叶片喷水，保持较高的空气湿度。秋季减少浇水量，每10天浇水1次，盆土保持稍湿润，8月每天向地面、盆面、叶面喷水，保持较高的空气湿度。冬季盆土不宜过湿，每10天浇水1次。空气干燥时，适度喷水。

施肥

生长期每半月施肥1次，现蕾后增施2~3次磷钾肥。冬季待果实转红后，无需再给盆栽植株施肥。

修剪

当新稍长10厘米时摘心。果枝过多过密时，进行适当疏剪。

繁殖

扦插：6~7月剪取半成熟枝，长5~6厘米，插入沙床或蛭石，盆土保持湿润，及时遮阴，插后3~4周生根。播种：选择颗粒大、充实饱满、果皮鲜红的果实，去果皮，用25~30℃温水浸种，点播于盆内，覆土0.5厘米，忌过厚。播后5~6周发芽，发芽后3周子叶开展时移栽。

病虫害

常有叶斑病，用波尔多液或西维因可湿性粉剂1 000倍液喷洒。虫害有介壳虫，用40%氧化乐果乳油1 000倍液喷杀。

不败指南

1 请问怎样才能使朱砂根多结果？

答：首先要培育健壮的植株，开花时盆株避开雨淋，进行多次人工授粉，就是用毛笔从一朵花上取花粉传到另一朵花的柱头上，利于提高坐果率。同时，孕蕾后多施磷钾肥，用磷酸二氢钾或“花宝”3号喷洒2~3次，促使果实正常发育。

2 怎样才能使朱砂根的果实更鲜艳？

答：盆栽植株宜摆放在半阴处并适度喷水，增加空气湿度，让果实显得更鲜艳。满树果实时切忌搬动，防止果实掉落。高温季节加强通风，防止烈日暴晒。

要让果实鲜艳动人，摆在光照充足的阳台花架上最好。

风 信 子

Hyacinthus orientalis

〔别名〕西洋水仙。

〔科属〕百合科风信子属。

〔原产地〕亚洲中部和西部。

〔花期〕春季。

〔旺家花语〕摩羯座守护花，水瓶座幸运花。儿童节用风信子赠送小朋友，表达“快乐之情”。多种色彩的风信子组成的花束，宜送志趣相投的好朋友。

四季养护

喜凉爽、湿润和阳光充足的环境。不耐寒，怕强光。鳞茎在6℃下生长最好，萌芽适温5~10℃，叶片生长适温10~12℃，现蕾开花以15~18℃最有利。

全年花历

月份	浇水	施肥	病虫害	换盆 / 修剪
一月	💧			
二月	💧	肥		
三月	💧			
四月	💧	肥	🐞	✂
五月				
六月				
七月				
八月				
九月	💧	肥		
十月	💧			🪴
十一月	💧			🪴
十二月	💧			

选购

购买风信子盆花或切花，花蕾显色时为最好。为了保证开花，必须选用周径在16厘米以上的鳞茎，水养选用周径在18厘米以上的鳞茎更好。

选盆/换盆

常用直径12~15厘米的盆。水培常用广口玻璃瓶。每年秋季换盆，基本在11月左右。

配土

盆栽以肥沃、疏松和排水性好的沙质土壤为宜，可用腐叶土、培养土和粗沙的混合土。

摆放

风信子植株低矮整齐，花色鲜艳明亮，地栽可在早春开花，室内促成栽培可供春节欣赏。花时点缀在居室的茶几、书房的书桌或儿童房，显得青翠光亮，具有浓厚的春天气息。

浇水/光照

春季开花期结束后，控制浇水量，避免土壤过湿，出现烂根现象。保持充足光照。夏季停止浇水，盆土保持干燥。避免阳光直晒，适度遮光。秋季盆土保持凉爽湿润。若是水培风信子，每周换1次水。冬季盆栽盆土保持湿润，水培风信子要勤换水。适度光照，若室温达到5℃，会很快萌芽。

施肥

叶片生长期施肥1~2次，花后可再施肥1次。若水培风信子，当长出3~4片叶时，可每周向叶面喷洒0.1%磷酸二氢钾稀释液1次，或每2~3周施1次营养液，直至现蕾，但要避免营养液施用过多而导致水变质。

修剪

花后剪除花茎，防止消耗鳞茎养分，有利于鳞茎发育。水养鳞茎开花后，可将鳞茎取出，剪除开败的花序，栽植到土壤中，重新培育开花鳞茎。无论是盆栽、地栽或水培，开过花的风信子，第2年都不会再开花了。若想用鳞茎再次培育开花，就必须对鳞茎进行处理。

风信子的水培

❶ ❷ ❸

❶ 鳞茎发根前，基部必须触及水面位置。

❷ 发根后，降低水位留出空间，每周换1次水。

❸ 鳞茎的根系生长时要遮光。

繁殖

分株：母球栽植1年后可分生1~2个子球，子球需第3年成为开花种球。播种：秋播后覆土1厘米，翌年1~2月发芽。播种苗培育4~5年成为开花种鳞茎。

病虫害

有腐朽菌核病危害幼苗、鳞茎，碎色花瓣病危害花朵，茎线虫病危害地上部。鳞茎贮藏时剔除受伤和有病的鳞茎，并保持通风。

不败指南

风信子的花朵上出现焦斑是什么原因？

答：出现焦斑很可能是因为开花时向花朵上浇水所致，新手们浇水时应避开花朵。如果空气较为干燥，可向叶面适当喷雾。

袖珍椰子

Chamaedorea elegans

〔别名〕矮生椰子、矮棕。

〔科属〕棕榈科玲珑椰子属。

〔原产地〕墨西哥、危地马拉。

〔花期〕春季至秋季。

〔旺家花语〕有“永葆青春”的花语。其株形小巧，有“桌上椰树”之称，被誉为椰子王国中的“侏儒王子”。

四季养护

喜温暖、湿润和阳光充足的环境。不耐寒，怕涝，忌强光直晒。生长适温15~25℃，夏季能耐35℃高温，冬季不低于10℃。

全年花历

月份	浇水	施肥	病虫害	换盆 / 修剪
一月				
二月				
三月				
四月				
五月				
六月				
七月				
八月				
九月				
十月				
十一月				
十二月				

选购

选购盆栽时，要求植株挺拔，叶片繁茂、紧凑、无缺损，叶色深绿有光泽，无病虫害和其他污斑。

选盆/换盆

常用直径15~25厘米的盆，水培常用玻璃瓶。每2~3年在春季换盆1次。

配土

盆栽以肥沃、疏松和排水良好的沙质土壤为宜，可用培养土、腐叶土和粗沙的混合土。

摆放

刚买回家的盆栽植株，适宜摆放在有纱帘的阳台或明亮的居室，也可摆放于案台、楼梯转角处。切忌将其放在太阳下暴晒，更不能摆放在热风或冷风吹袭的位置。

浇水/光照

春季盆栽植株生长期，盆土保持湿润。夏季进入生长旺盛期，除勤浇水外，经常向叶面喷雾，提高空气湿度，注意盆土不可水分过多或积水，否则易引起叶片枯黄、烂根。盛夏阳光过强，可适当遮阴。秋季空气干燥时可向叶面多喷雾。冬季搬至阳光充足处，减少浇水量，适度喷雾即可。春、夏、秋三季遮光30%~50%，明亮光照对袖珍椰子的生长最为有利。

施肥

5~9月每半月施肥1次，用腐熟饼肥水或“卉友”20-20-20通用肥。长出新叶施薄肥。冬季搬入室内，温度偏低时，停止施肥。

修剪

生长期随时剪除枯叶和断叶。换盆时修剪根部，清除枯萎枝叶。

袖珍椰子水培

❶ 向装有袖珍椰子和陶粒的定植杯中加入河川沙。

❷ 取圆形玻璃杯，用石子铺底，倒水至2/3处即可。

❸ 将准备好的定植杯放入玻璃瓶中。

繁殖

播种：春夏季采种后即播，发芽适温为20~25℃，播后2~3个月发芽，苗高10~15厘米时可移栽。分株：全年均可进行，以春季为好，将母株旁的蘖芽切开，先栽在沙床中，待长出新根后再盆栽。袖珍椰子也可以水培，采用洗根法，将3~5丛袖珍椰子放进玻璃瓶中养护。如果有断根或烂根，剪除后用0.1%高锰酸钾溶液清洗或浸泡15分钟，再用自来水冲洗干净。

病虫害

有叶枯病、褐斑病和灰斑病，用70%甲基托布津可湿性粉剂1 000倍液喷洒。

不败指南

袖珍椰子为什么叶片枯黄，根部腐烂？

答：大部分袖珍椰子喜温暖，当室内温度过低、盆土过湿时，叶片易受冻害而出现枯黄，叶缘也会焦枯，严重时甚至造成根部腐烂。因此冬季最好将盆栽植株摆放在室内阳光充足处，室温保持10℃以上。

空 气 凤 梨

Tillandsia spp.

〔别名〕紫花铁兰、紫花凤梨。

〔科属〕凤梨科铁兰属。

〔原产地〕厄瓜多尔。

〔花期〕春季。

〔旺家花语〕空气凤梨的花语和象征意义是“完美”。

四季养护

喜温暖和空气湿度较高的环境。不耐寒，怕强光暴晒。生长适温16~25℃，冬季不低于10℃，能短时间耐5℃低温。

全年花历

月份	浇水	施肥	病虫害	换盆 / 修剪
一月	💧🧴		🐞	
二月	💧		🐞	🪴✂
三月	💧	肥	🐞	🪴✂
四月	💧	肥	🐞	🪴✂
五月	💧	肥	🐞	
六月	💧	肥	🐞	
七月	💧	肥	🐞	
八月	💧	肥	🐞	
九月	💧	肥	🐞	
十月	💧	肥	🐞	
十一月	💧🧴		🐞	
十二月	💧🧴		🐞	

选购

以株形端正，叶片排列有序，呈莲座状，无缺损、无病虫、无受冻痕迹者为宜。

选盆/换盆

常用直径9~15厘米的盆，适合异型艺术盆。每2~3年换1次盆，春季进行。

配土

盆栽可用腐叶土、泥炭土和粗沙的混合土。

摆放

适宜摆放在窗台、阳台或书架，也可吊盆栽培，悬挂在客厅、茶室和商店橱窗。

浇水/光照

春季每周浇水1次，盆土保持湿润，每2周向叶面喷水。夏季高温季节，每周浇水2次。秋季每周浇水1次。天气干燥时，可将植物放水里泡1小时左右，然后甩掉叶子上的水。冬季将空气凤梨搬至室内阳光充足处，保持室温在10℃以上。每周浇水1次，室温低时，盆土保持干燥。室内空气干燥时，可选择晴天中午向叶面喷水，有利于空气凤梨越冬。

施肥

生长期每月施肥1次，用“卉友”15-15-30盆花专用液肥。夏季每2周施薄肥1次，冬季停止施肥。

修剪

发现黄叶或枯叶及时剪除。当紫花开败后，立即摘除残花，以免留在苞片上腐烂。换盆时需修剪根部，以利萌发新根，使分蘖(niè)苗更多。

繁殖

分株：春季花后进行分株。切下母株上长出带根的子株，直接盆栽。若子株不带根或少带根，可先插于沙床中，待生根后上盆。播种：5~6月进行，发芽适温27℃，播后15~20天发芽，实生苗3年能开花。

病虫害

常有日灼病和根腐病，可用10%抗菌剂401醋酸溶液1 000倍液喷洒。虫害有蚜虫、粉虱，可用2.5%鱼藤精乳油1 000倍液喷杀。

不败指南

1 空气凤梨是真的只要空气就能活吗？

答：空气凤梨并非像它的名字那样，只靠空气就能活，因为空气里不含它需要的营养元素。在野生环境中，空气凤梨依赖降雨和它所附着的植物表面的流水，吸取营养，同时以极高的效率重复利用这些在它所生长的环境中极其缺乏的元素，例如，把表面的死皮重新吸收掉。栽培环境下，空气凤梨也需要频繁地喷雾以及定期给叶面喷施肥料，只靠空气是养不活的。

2 空气凤梨的栽培寿命有多长？

答：空气凤梨在观赏凤梨类中属于栽培寿命稍长的一类。空气凤梨的种类十分丰富，有地生性和附生性的，它们的适应性较强。一般来说，一盆空气凤梨或一束空气凤梨可栽培3~5年。不过空气凤梨一开花，植株就慢慢枯黄死亡。

羽扇豆

Lupinus polyphyllus

〔花期〕春夏季

三月

幸福

〔别名〕鲁冰花

〔科属〕豆科羽扇豆属。

〔原产地〕北美西部。

〔旺家花语〕双子座守护花。是母爱的象征，赠子女和晚辈寓意“爱心普照、无所偏爱”。

四季养护

喜凉爽、湿润和阳光充足的环境。较耐寒，怕高温和水湿，稍耐阴。生长适温13~20℃。冬季可耐-15℃低温。

全年花历

月份	浇水	施肥	病虫害	换盆/修剪
一月	💧	肥		
二月	💧	肥		
三月	💧	肥		
四月	💧	肥		
五月	💧	肥	🐞	
六月	💧	肥	🐞	
七月	💧	肥		✂
八月	💧			
九月	💧		🐞	盆
十月	💧	肥	🐞	
十一月	💧	肥		
十二月	💧			

选购

盆花要求株形健壮，基生叶掌状复叶，排列有序，绿色。已开花着色，色彩鲜艳，双色品种更佳。若选购切花，以花序上1/2小花开放的花枝为宜。

选盆/换盆

分株苗可直接盆栽，用直径20厘米的盆。

配土

培养土、腐叶土或泥炭土、粗沙的混合土。

摆放

矮生品种是装饰室内环境的盆栽佳材，高秆品种是庭园和切花的好材料。布置在房屋阳光充足的前沿、庭园的入口处或台阶前，盛开时极富大自然的气息，给人生机盎然的感觉。

浇水/光照

生长期土壤保持湿润，忌向花序上淋水。春季气温回升，每周浇水2次，盆土保持湿润，切忌过湿。进入花期后，注意排水，防止土壤过湿，引起烂根，甚至全株萎蔫死亡。夏季高温，开花接近尾声，每周浇水3次，若浇水过多，基部叶片易发黄、脱落。冬季遇雨雪天气注意开沟排水。

施肥

生长期每半月施肥1次，用腐熟饼肥水。氮肥过量，影响开花。花前增施磷钾肥1~2次。7月开花接近尾声，每2周施磷钾肥1次。

修剪

花后不留种，要及时剪去残花，防止自花结实。

繁殖

分株：春、秋季均可进行，以秋季花后进行最好。直根发达，须根少，分株时需多带土。一般每隔2~3年分株1次。

病虫害

常有叶枯病、叶斑病和白粉病危害，可用50%多菌灵可湿性粉剂1 500倍液喷洒。虫害有蚜虫和盲蝽，危害时用40%氧化乐果乳油1 500倍液喷杀。

不败指南

1 羽扇豆能否食用？

答：羽扇豆种子含脂肪、淀粉，但也含有毒素，必须经过烘烤脱毒后才可做面粉或咖啡代用品。不过羽扇豆种子带有苦味。如今，将种子研成粉，做面膜，可减少油脂，保养皮肤。

2 羽扇豆如何在庭园里播种？

答：10月可在庭园露地播种，采用直播，由于种子坚硬，播种前先用温水浸种24小时，滤干后播种，覆土2~3厘米，播后约3周发芽。出苗后及时间苗，株行距30~40厘米。11月露地播种苗，保持土壤湿润，每月施薄肥1次，少用氮素肥，避免苗株叶片徒长，减弱抗寒性和推迟开花。12月播种苗露地越冬，防止强寒潮侵袭，可用盖草和覆盖薄膜保护。

红白两色搭配，装饰庭园，相得益彰。

大花蕙兰

Cymbidium spp.

〔别名〕新美娘兰、虎头兰。

〔科属〕兰科兰属。

〔原产地〕喜马拉雅山、缅甸、泰国、澳大利亚、新几内亚岛。

〔花期〕冬春季。

〔旺家花语〕摩羯座守护花，双鱼座幸运之花。可以赠送给摩羯座、双鱼座和生肖属狗的朋友、同事。

四季养护

喜温凉和阳光充足的环境。不耐寒，耐阴。怕空气干燥，不怕湿。生长适温10~25℃，冬季不低于10℃，空气湿度70%~80%，夏季遮光50%~60%。

全年花历

月份	浇水	施肥	病虫害	换盆 / 修剪
一月	💧		🐞	
二月	💧 喷雾	肥	🐞	
三月	💧	肥		
四月	💧	肥		🪴 ✂
五月	💧	肥		🪴 ✂
六月	💧	肥	🐞	🪴 ✂
七月	💧	肥	🐞	
八月	💧	肥	🐞	
九月	💧	肥		
十月	💧	肥		
十一月	💧			
十二月	💧			

选购

对一般家庭来说，购买大花蕙兰时，选择不太占空间的中、小型种为宜。选购盆花时，宜买开花多的兰株。不要买花蕾多的兰株，此类兰株不少是经催芽或催花处理过的，买回家容易发生落蕾现象。

选盆/换盆

常用直径15厘米，高20厘米的高筒陶盆。每年4月花后换盆1次。

配土

盆栽可用水苔、蕨根或树皮块、木炭、沸石的混合土。

桐柳减绿阴，蕙兰消碧滋。

——秋怀 [唐]白居易

摆放

刚买回的兰株，宜放在有纱帘的窗台内侧，室温在15℃为好，这样可以陪伴你更长时间。

浇水/光照

春季每周浇水2次，空气干燥时，每天向地面和叶面喷水1~2次，提高空气湿度。夏季晴天每天早、晚各浇水1次，浇水浇透。室外养护时遮光50%。秋季搬至阳光充足、通风处，每周浇水2次。冬季盆土保持稍湿润，每4~5天浇水1次。室温不宜过高，夜间温度10℃以上为宜。

施肥

新芽生长期每周施1次薄肥，花芽分化期每月施肥1次，假鳞茎膨大和开花期每周向叶面喷施液肥1次。冬季停止施肥。

修剪

花后及时剪除花茎减少养分消耗。换盆或分株时，剪除黄叶和腐烂老根。

繁殖

分株：兰株开花后，新根和新芽尚未长大前，是分株繁殖的最佳时期。此时要将花茎剪下，否则新芽生长不好，导致分株后来年不能开花。如果分株时，根部受到损伤，应及时剪平，新根将会很快长出。

大花蕙兰分株

❶ 兰株满盆、根系发达时从花盆中取出。

❷ 用消毒过的刀从假鳞茎的间隙中切断，将其分开。

❸ 分株的兰株剪除枯叶和旧根，分别上盆。

病虫害

主要病害有炭疽病、黑斑病和锈病，发病初期用70%甲基托布津可湿性粉剂800倍液喷洒，并注意室内通风。虫害有介壳虫、粉虱和蚜虫，发生时可用40%氧化乐果乳油1 500倍液喷洒。

不败指南

大花蕙兰为什么要摘芽？

答：大花蕙兰在老的假鳞茎上有时会长2个新芽，只需保留1个健壮的新芽，另1个应去掉，如果拔掉新芽后又长出芽来，需继续摘除，若不处理，2个新芽一起长，会导致只长叶而不开花。另外，夏季长出的新芽，一般不能充分生长，形成不了能开花的花茎，因此，此类新芽要及时清除。通常早花品种在9月出现花芽，晚花品种在10月底出现花芽，这些花芽都是从当年新生茎的基部长出的，此时也会长出叶芽来，应及时摘除，否则会影响花芽的正常发育。

球根秋海棠

Begonia tuberhybrida

〔别名〕茶花海棠、球根海棠。

〔科属〕秋海棠科秋海棠属。

〔原产地〕栽培品种。

〔花期〕春夏季。

〔旺家花语〕球根秋海棠有“亲切”“单相思”的花语。盆栽点缀在客厅、橱窗或窗台，色彩鲜丽，娇媚动人。

三月

花大而丽，实乃秋海棠之冠。

四季养护

喜温暖、湿润和半阴的环境，不耐寒，忌高温，怕积水和强光。生长适温16~21℃，冬季温度不低于10℃。不耐高温，超过32℃易引起茎叶枯萎和花芽脱落。

全年花历

月份	浇水	施肥	病虫害	换盆/修剪
一月				盆
二月	💧			盆
三月	💧	肥	🐞	
四月	💧	肥	🐞	
五月	💧	肥	🐞	
六月	💧	肥	🐞	
七月	💧		🐞	
八月	💧		🐞	✂
九月	💧			
十月	💧	肥		盆
十一月		肥	🐞	盆
十二月		肥	🐞	

选购

盆花要求植株矮壮，造型优美，花茎粗壮、花朵大、色彩鲜艳，重瓣、双色者更好。休眠块茎要求扁圆形、充实、饱满、新鲜、清洁，直径不小于2厘米。

选盆/换盆

直径20~25厘米盆。

配土

腐叶土或泥炭土、肥沃园土和河沙的混合土，加入少量的腐熟厩肥。

摆放

球根秋海棠宜摆放在有明亮光照和通风的场所。

浇水/光照

春季盆栽植株摆放在室内明亮光照处，控制浇水，盆土保持湿润。花期摆放室外明亮光照处，切忌浇水过多或大雨冲淋，花后减少浇水。地上部枯黄脱落时，挖出块茎稍干燥后贮藏。

施肥

生长期每旬施肥1次，用腐熟饼肥水，或用“卉友”15-15-30盆花专用肥。

修剪

如果不留种，则花后立即摘除花茎，有利于块茎充实。

繁殖

播种：1~2月室内盆播，种子细小，不必覆土，发芽适温为18~21℃，播后10~15天发芽，具2~3片真叶时移入6厘米盆栽植。扦插：以6~7月为宜，选择健壮带顶芽的枝茎，长10厘米，除去基叶，干燥后插入沙床，插后3周愈合生根。

球根秋海棠的修剪

❶ 天气转凉、新芽长出之前，进行干燥管理。

❷ 梅雨以后，把较弱的花株剪至1/2左右。

病虫害

常发生茎腐病和根腐病，用25%多菌灵可湿性粉剂300倍液喷洒。虫害有介壳虫、蚜虫、卷叶蛾幼虫和蓟马等，介壳虫用40%氧化乐果乳油1 000倍液喷杀，蚜虫等用10%除虫菊酯乳油2 000倍液喷杀。

不败指南

1 我的球根秋海棠怎么烂根了？

答：如果浇水过量，块茎易引起水渍状溃烂。因此盆栽植株摆放于室内明亮光照处，盆土保持湿润，每周浇水1次，水温必须接近室温，否则根部易受损伤。另外，如果供水不足，茎叶易凋萎倒伏。

2 球根秋海棠是不是到了夏天就不好养？

答：越夏的球根秋海棠植株常出现以下情况：一是不适应高温环境，全株溃烂死亡；二是植株自然休眠，地上部茎叶脱落，但块茎仍充实、饱满；三是植株生长很好，甚至仍在开花。此时，要分别处理，死亡植株要消毒土壤和容器；充实块茎可以重新盆栽或贮藏；开花植株根据需要决定是继续进行养护管理，还是促其块茎进入休眠。

香叶天竺葵

Pelargonium graveolens

〔别名〕香草、摸摸香。

〔科属〕牻（máng）牛儿苗科天竺葵属。

〔原产地〕非洲南部好望角。

〔花期〕春季至秋季。

〔旺家花语〕有“爱慕”“爱情”“安乐”“盼望的相逢”等花语，适合赠送老人、男友、友人。

四季养护

喜温暖、湿润和阳光充足的环境。不耐寒，忌积水，怕高温，耐瘠薄，稍耐阴。生长适温10~20℃，冬季不低于7℃。夏季处于半休眠状态，要严格控制水分。

全年花历

月份	浇水	施肥	病虫害	换盆 / 修剪
一月	💧		🐞	
二月	💧		🐞	
三月	💧		🐞	
四月	💧	肥	🐞	
五月	💧	肥	🐞	
六月	💧	肥	🐞	
七月	💧	肥	🐞	
八月	💧	肥	🐞	🪴 ✂
九月	💧	肥	🐞	🪴 ✂
十月	💧		🐞	
十一月	💧		🐞	
十二月	💧		🐞	

选购

选购盆栽要求株形美观，株高不超过30厘米，叶片绿色、紧凑、密集，植株花蕾多并有部分花朵已开放，花色鲜艳为佳。

选盆/换盆

可选择直径12~15厘米的瓷盆、陶盆、塑料盆。

配土

盆栽用园土、腐叶土和沙的比例为2:1:2的混合土。

摆放

香叶天竺葵盆栽点缀家庭阳台及卧室窗台和案头，美化环境。

浇水/光照

春季每周浇水2~3次。夏季高温季节，香叶天竺葵叶片易萎黄脱落，生长停滞，进入半休眠状态，浇水应减少，宜在清晨浇水。秋季每周浇水1~2次。冬季每周浇水1次，晴天午间进行，切忌用冷水喷浇和枝叶上滞留水。

施肥

4~9月每旬施肥1次，用腐熟的饼肥水或天竺葵专用液肥。

修剪

苗高12~15厘米时摘心；花谢后立即剪去残花花枝。当长势减弱时重剪，剪去整株的1/2或1/3，脱盆后去除宿土1/2，并剪短须根，换上新的栽培土壤，浇水后放阴凉处恢复。

繁殖

播种：室内盆播，播种土用高温消毒的泥炭、培养土和河沙的混合土，播后覆浅土，发芽适温为13~18℃，播后1~3周发芽。

病虫害

生长期易发生叶斑病和灰霉病。初期用75%百菌清可湿性粉剂800倍液或50%甲霜灵锰锌可湿性粉剂500倍液喷洒防治。虫害有蚜虫、红蜘蛛和粉虱，发生时用40%氧化乐果乳油1 000倍液或25%噻嗪酮可湿性粉剂1 500倍液喷杀。

不败指南

1 香叶天竺葵叶片发黄是怎么回事？

答：香叶天竺葵盆栽时间过长，或长期摆放在过阴的场所，会造成根系生长过密，植株不能很好吸取肥料，导致叶片发黄或枯萎脱落，甚至造成整株死亡。应每年换盆1次，更换新的培养土，宜在8~9月进行，以利生长开花。

2 香叶天竺葵有什么功效？

答：香叶天竺葵具有滋补作用，可抗真菌、抗抑郁，并有清热消炎、解毒收敛的功用。从香叶天竺葵花朵中提炼精油用于制香水和芳香疗法，在面霜中应用可平衡皮肤中的油脂。干叶可做香枕、香袋等。其挥发油可治湿疹和内分泌疾病。

香叶天竺葵中红色品种还有“幸福”“安慰”的花语。

欧洲银莲花

Anemone coronaria

〔花期〕春季

四月

期待与盼望

〔别名〕冠状银莲花

〔科属〕毛茛科银莲花属。

〔原产地〕地中海沿岸地区。

〔旺家花语〕花朵看似被风所吹开一样，故有“风之花”的美称。

四季养护

喜凉爽、湿润和阳光充足的环境。较耐寒，怕高温多湿和干旱，耐半阴。生长适温15~20℃，遮光50%~60%。夏季高温和冬季低温时块根处于休眠状态。

全年花历

月份	浇水	施肥	病虫害	换盆 / 修剪
一月	💧	肥		
二月	💧	肥		
三月	💧	肥	🐞	
四月	💧	肥	🐞	
五月	💧			✂
六月				
七月			🐞	
八月			🐞	
九月			🐞	
十月	💧	肥		🪴
十一月	💧	肥		🪴
十二月	💧	肥		

选购

购买盆花要求植株矮生，株高不超过30厘米，叶片翠绿，无黄叶，已抽出花茎并已初开，无缺损者。购切花要求初开，以花瓣刚从中心打开者为优。

选盆/换盆

盆栽用直径12~15厘米的盆，每盆栽3个块根，深度1.5厘米，地栽深5~7厘米，栽后浇水，促使块根萌芽。若栽种过晚，会延迟开花，而且开花数量减少，栽种必须在11月底前结束。

配土

用腐叶土、肥沃园土和粗沙的混合土。

摆放

对乙烯敏感，摆放时宜远离水果，以免缩短观花时间。作插花观赏时，切忌与水仙花枝同插一瓶，因水仙花分泌的黏液会使欧洲银莲花花枝变软。

浇水/光照

盆土表面干燥后浇水，抽枝开花时盆土必须保持湿润。地栽的雨雪天后注意排水，防止积水。冬季盆土切忌过湿，以免块根腐烂。喜阳光充足，耐半阴，夏季遮光50%~60%，光照不足也会出现光抽枝不开花的现象。

施肥

生长期每月施1次薄肥，用腐熟的饼肥水。开始见花时，加施1次磷钾肥，有助于果实和块根的发育，也可用“卉友”15-15-30盆花专用肥。

修剪

如果花后不留种，及时剪除残花有利于块根充实。

繁殖

分株：块根于6月叶片枯萎后挖出，用干沙贮藏于阴凉处。10月前将块根先放在湿沙或水中浸泡，使之充分吸水，这样栽植后发芽整齐。

病虫害

常见锈病、灰霉病和菌核病危害，在块根栽植前，用1 000倍升汞溶液消毒，发病初期用25%多菌灵可湿性粉剂1 000倍液喷洒防治。蚜虫危害花枝时，可用10%吡虫啉可湿性粉剂1 500倍液喷杀。

不败指南

1 买回的种球，盆栽后怎么老是不发芽？

答：如果是健康的好种球没有发芽，可能是浇水上有问题。如果种球上盆后一次性浇水过多，就会使球根过湿出现腐烂，因而难以发芽。刚栽种球只需浇少量的水，将盆土湿润即行，以后慢慢增加浇水量。

2 欧洲银莲花如何在庭园内栽种？

答：欧洲银莲适宜10月~11月栽种，庭园中选择地势高、干燥、土壤肥沃的场所，做好整地、施基肥，准备栽种。栽植前，将块根先放在湿沙或水中浸泡，让块根充分吸水，使之栽植后发芽整齐。块根的栽植深度为5~7厘米，块根上较尖的部分向下，不能倒置。栽植后浇透水，约20天可长出新叶。

红、桃红、紫、蓝、白的欧洲银莲花一起种于庭园，显得活力满满。

四月

雪里开花到春晚，世间耐久孰如君。
——《山茶》［南宋］陆游

山 茶 花

Camellia japonica

〔别名〕茶花。

〔科属〕山茶科山茶属。

〔原产地〕中国、朝鲜和日本。

〔花期〕冬春季。

〔旺家花语〕水瓶座守护花。在我国，烂漫的山茶花是美的象征。在欧美，红山茶花还寓意为“天生丽质”。不过探望病人时别送山茶花。

四季养护

喜温暖、湿润和半阴的环境。怕高温和强光暴晒，切忌干燥和积水。生长适温18~25℃，冬季能耐−5℃低温，低于−5℃，嫩梢及叶片易受冻害。

全年花历

月份	浇水	施肥	病虫害	换盆 / 修剪
一月	◐		🐞	
二月	◐		🐞	
三月	◐		🐞	
四月	●	肥		
五月	●	肥		✂
六月	●	肥	🐞	
七月	●		🐞	
八月	●		🐞	
九月	◐	肥	🐞	🪴 ✂
十月	◐	肥	🐞	
十一月	◐		🐞	
十二月	◐		🐞	

选购

最好挑选树冠矮壮、枝叶繁茂、花朵大、色彩艳、开花和花蕾各占一半的植株。若盆土过于疏松，则表明刚栽植不久，不建议购买；若枝条或叶背附有介壳虫的蜡壳，容易落叶、落蕾，不宜购买。

选盆/换盆

常用直径15~20厘米盆，成年植株用20~30厘米盆。每2~3年换盆1次，花后或秋季进行。

配土

园土、腐叶土和河沙的混合土。

摆放

刚买回家的盆栽植株，适宜摆放在阳光充足的朝南阳台或窗台。盆栽点缀居室，切忌高温和空气干燥，否则易落花落蕾。

浇水/光照

春季开花期每天浇水1次。夏季每天早晚各浇水1次。盆土表面干燥发白时，浇透水。秋季每周浇水2~3次。冬季放阳光充足处越冬，室温保持10℃以上，每2~3天浇水1次。

施肥

山茶花喜肥，主要需掌握3个施肥时间。第一个时间为4月左右，进行花后补肥，促使新梢生长。常用0.2%~0.3%尿素或腐熟饼肥水，每半月1次，前后施3~4次。第二个时间为6月间，需要追肥，提高抗干旱能力，并促使二次枝梢萌发生长，以薄肥为主，每20天施1 次，共施肥2次。第三个时间为9~10月，进行补肥，提高抗寒能力。以追施薄肥为主，前后施2~3次。

修剪

剪除病虫枝、过密枝、内膛枝、弱枝和短截徒长枝即可。对新栽植株适当

山茶花的修剪

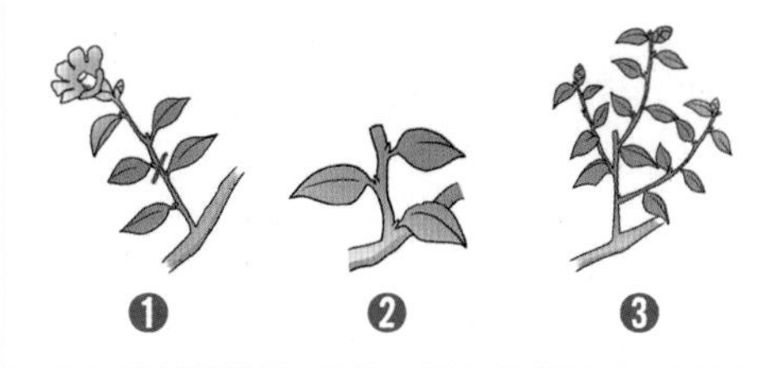

❶ 春季时的山茶花。

❷ 剪去花枝上部，留下2~3个芽。

❸ 留下的花枝长出新芽，并抽枝开花。

疏剪；对开花植株加以剥蕾，保证主蕾发育、开花；将干枯的废蕾和残花随手摘除。换盆时随手剪去徒长枝和枯枝。

繁殖

扦插：以6~7月或9~10月为宜，选叶片完整、叶芽饱满的当年生半成熟枝为插条，长8~10厘米，先端留2叶片，插条清晨剪下，随剪随插，温度保持在20~25℃，插后3周愈合，6周后生根。

病虫害

叶面常见炭疽病、褐斑病危害，可用等量式波尔多液或25%多菌灵可湿性粉剂1 000倍液喷洒。易受红蜘蛛、介壳虫危害，量多时可用40%氧化乐果乳油1 000倍液喷杀。

不败指南

山茶花有花蕾但不开花是什么原因?

答：若盆土缺水、烈日烤晒、通风不畅，就会出现落蕾、僵蕾的情况。因此养护山茶花时，要控制好盆土湿度、把握好光照、及时通风等，做好“保蕾”工作。此外，“保根”和“保叶”也尤为重要。

花 毛 茛

Ranunculus asiaticus

〔别名〕陆莲花。

〔科属〕毛茛（gèn）科毛茛属。

〔原产地〕地中海沿岸地区、非洲东北部、亚洲西南部。

〔花期〕春末夏初。

〔旺家花语〕双鱼座守护花。花形精巧，重瓣花极像牡丹。粉红色的花毛茛适合送爱人，鲜红色的适合送做生意的朋友。

四季养护

喜凉爽、湿润和阳光充足的环境。较耐寒，也耐半阴，怕强光暴晒和高温，忌积水和干旱。生长适温白天15~20℃，夜间7~10℃，冬季不低于−5℃。

全年花历

月份	浇水	施肥	病虫害	换盆 / 修剪
一月			🐞	
二月	💧		🐞	
三月	💧	肥	🐞	
四月	💧			
五月	💧	肥		
六月	💧		🐞	
七月	💧		🐞	✂
八月	💧		🐞	换盆
九月	💧		🐞	
十月	💧		🐞	
十一月			🐞	
十二月			🐞	

选购

选购盆花要求植株健壮，株高不超过30厘米，以花蕾显色、即将开放时为宜。切花宜即刻于水中瓶插。购买种子要饱满、新鲜，以重瓣、双色品种为佳。购买块根要求充实、饱满、新鲜，周径不小于7厘米。

选盆/换盆

盆栽用直径12厘米的盆，每盆栽苗3株，块根栽植深度为2~3厘米。

配土

盆土用培养土、腐叶土和粗沙的混合土，加少量盆花专用肥。

不是牡丹，胜似牡丹。

摆放

盆栽用于装饰窗台、阳台或客厅、餐厅，格调高雅，温馨美艳。在庭园中丛植于草地边缘，栽植于花槽中和台阶旁。花时，繁花似锦，呈现一派喜悦的意韵。

浇水/光照

花毛茛喜阳光充足，耐半阴，怕强光暴晒。宜摆放在阳光充足的位置。早春生长期盆土保持湿润，露地苗雨后注意排水。花期保证土壤湿润，开花接近尾声，叶片逐渐老化，逐渐减少浇水。地上部发黄枯萎时停止浇水。

施肥

开花前追肥1~2次，花后再施肥1次，用腐熟饼肥水或“卉友”15-15-30盆花专用肥。

修剪

如果花后不留种，应剪去残花，有利于块根的发育。大花重瓣品种花蕾不宜多留，每株只留2~3个健壮花蕾。

繁殖

播种：5~6月种子成熟，秋季露地播种，发芽适温为10~18℃，播后2~3周发芽，需保持土壤湿润，当出现2~5片真叶时，可对花苗进行分栽。冬季注意防寒和施肥，翌年春季开花。在正规花市购买的种子或者自采的种子成苗率比较高。分株：夏季块根进入休眠，9~10月进行分株繁殖，将贮藏的块根地栽或盆栽，栽前将块根系用福尔马林或其他杀菌剂消毒，一般12厘米盆栽3株，覆土不宜过深，以2厘米为宜。出苗越冬后于春季开花。

病虫害

生长期有灰霉病危害叶片，可用50%托布津可湿性粉剂500倍液或50%多菌灵可湿性粉剂600倍液喷洒。花期有蚜虫危害，用50%灭蚜威200倍液喷杀。生长期还有蛞蝓和蜗牛等软体动物危害花和叶，用90%敌百虫1 000倍液或50%氯丹乳液200倍液喷杀。

不败指南

听说花毛茛的品种十分丰富，是这样吗？

答：近年来，通过法国、荷兰、日本等国园艺学家的育种，花毛茛在花型和花色方面有了显著的变化。花型出现了诸如牡丹型、月季型等，花色也越来越丰富，有黄、白、红、粉、橙、紫和双色等，还有深浅各异之别，使花毛茛的观赏品味不断上升。

三色堇

Viola tricolor var. hortensis

〔别名〕蝴蝶花、猫儿脸。

〔科属〕堇菜科堇菜属。

〔原产地〕北欧。

〔花期〕春秋季。

〔旺家花语〕摩羯座守护花。德国人叫它“想念小草”，英国人叫它“跳起来吻我”。但因其花瓣像猫脸，最好不要送给上司或闹过别扭的人。

道旁的三色堇，并不吸引漫不经心的眼睛。

流萤集　[印度]泰戈尔

四季养护

喜凉爽和阳光充足的环境。不耐严寒，耐早霜。喜湿又耐干旱，怕高温和多湿。生长适温7~15℃，冬季温度不低于−5℃。

全年花历

月份	浇水	施肥	病虫害	换盆 / 修剪
一月	💧	肥		✂
二月	💧	肥	🐞	
三月	💧	肥	🐞	
四月	💧	肥		
五月	💧	肥		✂
六月		肥		
七月		肥		
八月		肥		
九月	💧	肥		
十月	💧	肥		
十一月	💧	肥		
十二月	💧	肥		

选购

选购盆栽时，要求植株紧凑，分枝性好，叶片密集，无黄叶，节间短；花株要花苞多，有部分花朵已开放，花色鲜艳，不缺瓣，无病虫害。

选盆/换盆

苗株7~8片真叶时，常用直径10厘米的盆，吊盆常用直径12~15厘米的盆。无需换盆，每年秋季重新播种。

配土

盆栽以肥沃、疏松和排水良好的沙质土壤为宜，可用培养土、腐叶土和粗沙的混合土。

摆放

盆栽点缀在窗台、阳台、茶几、餐桌和儿童房，轻快柔和，富有质感，给人带来勃勃生机。

浇水/光照

春季盆土保持湿润，每周浇水3~4次。若光照充足、日照时间长，则茎叶生长繁盛、开花提早。盛夏高温花芽形成困难，停止浇水。秋季盆土保持湿润，盆土不宜过湿或积水。盆栽苗放阳光充足处，室温15~20℃。冬季上年秋播盆栽苗，室温保持10~12℃，可以开花不断。

施肥

每半月施肥1次，用稀释饼肥水或“卉友”20-20-20通用肥。盆栽苗株抽出花茎或开始开花时，每2周施磷钾肥1次。

修剪

花后及时将开败的残花摘除，以促进新花枝的产生。

繁殖

播种：9月进行，采用室内盆播繁殖。用高温消毒的园土和腐叶土的混合土，将种子均匀撒入盆土，播后覆一层细土，将播种盆放在浅水槽中，从盆底部吸水湿润盆土。用玻璃盖盖上盆口，发芽适温13~16℃，播后约2周发芽。从播种至开花需14~16周。扦插：5~6月进行，剪取植株中心根茎处萌发的短枝，插入泥炭土，插后15~20天生根，成活率高。分株：常在花后进行，将带不定根的侧枝或根茎处萌发的带根新枝剪下，可直接盆栽。

三色堇的播种

❶ 在湿润的土壤中轻轻撒播种子，覆一层薄土。

❷ 叶子长出2~3片时移栽，间隔5~6厘米。

❸ 叶子长到相互接触时，一棵一棵移栽至新花盆中。

病虫害

常发生炭疽病和灰霉病危害。发病初期用50%多菌灵可湿性粉剂500倍液喷洒，严重时要拔除烧毁。虫害有蚜虫、红蜘蛛，危害时可用40%氧化乐果乳油1 500倍液喷杀。

不败指南

三色堇的花芽为什么消失了？

答：如果气温连续25℃以上，就会造成花芽消失，无法形成花瓣。因此养护三色堇时要控制好室温，春季白天温度以10℃最好，晚间4~7℃为宜；冬季室温不宜低于-5℃，否则叶片易受冻害，叶缘变黄。

四月

午窗试读离骚罢，却怪幽香天上来。

挂兰 [元]谢宗可

吊 兰

Chlorophytum comosum

〔别名〕挂兰、钓兰、纸鹤兰。

〔科属〕百合科吊兰属。

〔原产地〕非洲南部。

〔花期〕春夏季。

〔旺家花语〕有“空中仙子”的美称。赠文人雅士，其色翠绿如洗，其形若彩蝶翩跹，荡荡乎大有凭虚御风之感，引人遐思。

四季养护

喜温暖、湿润和半阴的环境。不耐寒，怕高温和强光暴晒。不耐旱和盐碱，忌积水。生长适温18~20℃，冬季7℃以上叶片保持绿色，4℃以下易发生冻害。

全年花历

月份	浇水	施肥	病虫害	换盆/修剪
一月	💧	肥	🐞	✂
二月	💧	肥	🐞	🪴✂
三月	💧	肥	🐞	🪴✂
四月	💧	肥	🐞	🪴✂
五月	💧	肥	🐞	✂
六月	💧	肥	🐞	✂
七月	💧💦	肥	🐞	✂
八月	💧💦		🐞	✂
九月	💧		🐞	✂
十月	💧		🐞	✂
十一月	💧	肥	🐞	✂
十二月	💧💦	肥	🐞	✂

选购

选购盆栽时，要求植株整齐，子株悬挂匀称，不凌乱，叶片青翠、光亮，无缺损；斑叶种，绿白镶嵌清晰，没有黄叶和病虫害痕迹。携带时防止折断或擦伤。

选盆/换盆

盆栽或吊盆常用直径15~20厘米的盆，每盆栽苗3株。根长出盆底时立即换盆。

配土

盆栽可用园土、腐叶土或泥炭土、河沙的混合土壤。

摆放

新装修的15平方米的室内，放两盆吊兰，可以有效吸收甲醛。适宜摆放在有纱帘的朝南和朝东南窗台，或装饰在明亮居室的花架上。

浇水/光照

春季充分浇水和光照，每月用25℃温水淋洗1次。夏季每周浇水2次，注意遮阴和喷水，盆土保持湿润，保证盆土湿度均匀。秋季盆栽植株搬进室内，保持在10℃以上，每周浇水1次，并经常向叶面喷水。冬季每周浇水1次，室温保持在7℃以上，适度光照。

施肥

生长期每旬施肥1次，冬季每月施肥1次，可选用"卉友"20-20-20通用肥或腐熟的饼肥水。养分不足会引起叶尖褐化，叶色变淡，甚至凋萎干枯。

修剪

随时清除沿盆枯叶，修剪匍匐枝，保持叶片清新，经常转动盆位，使吊兰枝叶生长匀称。若是水培吊兰，需随时摘除黄叶，修剪过长的花茎，每旬转动瓶位半周，达到株态匀称。

吊兰的匍匐枝繁殖

❶ 将长有新芽、长度5~10厘米的匍匐枝剪下。

❷ 在盛有土的容器中，将剪下的匍匐枝栽种好，浇透水。

❸ 放阴凉处缓苗，约1周后生根，再过20天可移栽上盆。

繁殖

分株：春季换盆时进行。将过密的根状茎掰开，去除枯叶和老根分栽。也可从匍匐枝上剪下带气生根的幼株直接盆栽，春秋季10天左右便可生根。播种：4~5月进行。覆浅土，发芽适温为18~24℃，播后15~20天发芽。

病虫害

主要有灰霉病、炭疽病和白粉病，发病初期用50%多菌灵可湿性粉剂500倍液喷洒。有时发生蚜虫危害，可用50%杀螟松乳油1 500倍液喷杀。

不败指南

冬季吊兰的叶片为什么发黄、卷缩，出现褐色斑点？

答：冬季空调房室温过高或光线不足时，吊兰的叶片会发黄或凋落。此外，土壤过干会造成叶片卷缩并带有褐化斑点，边缘黄化。因此冬季养护吊兰保持室温在7℃以上即可，每周浇水1次，晴天午间向叶面喷雾，保持叶面清新。

幸福树

Radermachera sinica

〔别名〕菜豆树、豆角树。

〔科属〕紫葳（wēi）科菜豆树属。

〔原产地〕中国、印度、菲律宾。

〔花期〕春夏季。

〔旺家花语〕摩羯座守护花，有“幸福”“勤劳刻苦”等花语，尤其适合点缀书房，营造出文雅又静谧的效果。

四季养护

喜高温、多湿和阳光充足的环境。不耐寒，稍耐阴，忌干燥。生长适温20~30℃，夏季避开强光，遮光50%~60%。

全年花历

月份	浇水	施肥	病虫害	换盆 / 修剪
一月	✓ ✓		✓	
二月	✓	肥	✓	✓ ✓
三月	✓	肥	✓	✓ ✓
四月	✓	肥	✓	✓ ✓
五月	✓ ✓	肥	✓	
六月	✓ ✓		✓	
七月	✓ ✓		✓	
八月	✓		✓	
九月	✓	肥	✓	
十月	✓	肥	✓	
十一月	✓ ✓		✓	
十二月	✓ ✓		✓	

选购

选购幸福树时，要求植株造型好，枝叶繁茂、紧凑、丰满，叶片墨绿有光泽，枝叶横向成层伸展。无病斑、无黄叶、无落叶、无缺损者为佳。

选盆/换盆

常用直径12~15厘米或18~25厘米的盆。每年春季换盆。

配土

盆栽可用腐叶土、培养土和粗沙的混合土，并加入少量的腐熟饼肥屑。

摆放

适宜摆放在有明亮光线的室内。

浇水/光照

春季生长期充分浇水，盆土保持湿润。保持通风，适度见光，可促进萌发新叶。夏季每2天喷水1次，每半月浸润盆土1次。适当遮阴，避免强光暴晒，室内气温不宜过高，注意通风。秋季盆土保持湿润，经常擦拭幸福树的叶片，可以保证叶片翠绿可人。进入冬季要注意防寒防冻，主要是保证室温的均衡，不要时高时低或者室温突然在5℃以下。每半月浇水1次，可向盆栽周围喷雾，保持空气湿度在60%左右。

施肥

生长期每月施肥1次，可用腐熟饼肥水或"卉友"20-20-20通用肥。夏季高温期和冬季停止施肥。

修剪

茎叶生长繁茂时要修剪或摘心，促使多分枝，保持株形丰满优美。

繁殖

播种：春季播种，露地采用条播，室内用盆播。播后覆浅土，发芽适温18~21℃，15~20天发芽。扦插：夏季剪取顶端半成熟枝条，长15~20厘米，剪除下端部分叶片，保留顶端2~4片叶，并剪去一半，插入沙床或泥炭土中。在22~26℃和较高空气湿度条件下，35~40天生根。水培：将幸福树脱盆后，洗净根系，剪掉断根，配上彩石进行水培。每周换水1次，每月加1次营养液，株苗就会慢慢长高，可一边修剪一边欣赏。

幸福树水培

❶ 玻璃容器中放入粗沙，并倒水至1/2处。

❷ 将装有幸福树的定植杯放入玻璃容器。

❸ 将玻璃容器固定好放上彩石即成。

病虫害

有时发生叶斑病危害，发病初期用70%甲基托布津可湿性粉剂1 000倍液喷洒。在高温高湿、通风不畅的条件下，特别是秋冬季长时间放于棚室，其茎干及叶片上易发生介壳虫和粉虱危害，可用40%氧化乐果乳油1 000倍喷杀，同时加强室内通风透光，注意控制湿度。

不败指南

为什么幸福树一直在落叶？

答：引起落叶的主要原因有空气干燥、阴冷，此外也不排除受烟雾的影响。所以养护幸福树需注意及时向叶片喷雾，给予盆栽植株充足光照，家中有吸烟的人或有烟时要及时通风，避免烟雾过浓，造成叶片黄化、脱落。

仿若虎尾斑纹的叶子，透着不屈和坚韧。

虎尾兰

Sansevieria trifasciata

〔别名〕虎皮兰、虎皮掌。

〔科属〕龙舌兰科虎尾兰属。

〔原产地〕非洲西部热带地区。

〔花期〕春夏季。

〔旺家花语〕由于虎尾兰栽培容易，不易死亡，有“坚韧顽强”的花语，所以宜赠长辈和老者，给老人带来喜悦和希望。

四季养护

喜温暖、干燥和半阴的环境。不耐寒，耐半阴，忌水湿和强光。生长适温13~24℃，冬季温度不低于10℃，5℃以下易受冻害。

全年花历

月份	浇水	施肥	病虫害	换盆 / 修剪
一月	💧	肥	🐞	✂
二月	💧	肥	🐞	🪴 ✂
三月	💧		🐞	✂
四月	💧		🐞	✂
五月	💧 喷雾		🐞	✂
六月	💧 喷雾		🐞	✂
七月	💧 喷雾	肥	🐞	✂
八月	💧	肥	🐞	✂
九月	💧	肥	🐞	✂
十月	💧	肥	🐞	✂
十一月	💧	肥	🐞	✂
十二月	💧	肥	🐞	✂

选购

选购虎尾兰，株高不超过60厘米，叶丛均匀，叶片肥厚、挺拔、斑纹清晰者为宜；金边品种，边缘黄色带宽阔明显，叶片无缺损、折断，无病虫危害。

选盆/换盆

常用直径15~20厘米的盆，以白色塑料盆或紫砂花盆为最佳。每2~3年换1次盆。

配土

盆栽以肥沃、疏松和排水良好的沙质土壤为宜，可用腐叶土、园土和沙的混合土，加少量骨粉。

摆放

适宜摆放于客厅、窗台、茶几、书桌、低柜和吧台上。15平方米的居室，摆两盆虎尾兰，能有效净化甲醛。切忌摆放阴暗处，否则，长期下来叶片斑纹模糊，吸收甲醛的能力也会下降。

浇水/光照

春季生长期盆土稍湿润，每2周浇水1次。夏季高温季节，盆栽植株需遮光50%，每周浇水1次，每天喷雾1次。避开强光暴晒，以免叶片灼伤。秋季盆栽植株摆放在阳光充足处，每10天浇水1次，室内空气干燥时，适当喷雾。盆土保持微干状态。冬季放温暖、阳光充足处越冬。植株长出新叶后，可多浇水。

施肥

生长期每半月施肥1次，用腐熟饼肥水。

修剪

发现有黄叶或病叶时，需随时剪除。金边品种若发现全绿叶片，也要剪除。要特别注重花后的修剪，可帮助萌发新枝，使盆株更丰满。

虎尾兰的扦插繁殖

❶ 剪下虎尾兰的叶片，切成小段。

❷ 将虎尾兰小段放置2~3天后，插入准备好的土壤中。

❸ 间隔4~5厘米插一段。

繁殖

分株：以早春时结合换盆为好，将生长拥挤的植株脱盆后，去除宿土，细心扒开根茎，每丛3~4片叶栽植即可。栽后盆土不宜过湿，否则根茎伤口易感染病菌而腐烂。扦插：5~6月进行，常用叶插法，插后4周生根。

病虫害

常发生炭疽病和叶斑病，可用70%甲基托布津可湿性粉剂1 000倍液喷洒。虫害有象鼻虫，可用20%杀灭菊酯2 500倍液喷杀。

不败指南

1 叶片基部易感染腐烂病，黄化而干枯怎么办？

答：该现象多因虎尾兰越冬时浇水过多所致。冬季应保持盆土微干状态，每月浇水1次，若室温低于5℃，停止浇水。

2 虎尾兰有什么药用功效？

答：虎尾兰叶具有清热解毒的功用。虎尾兰叶可入药。鲜虎尾兰叶捣烂，外敷患处，治跌打、疮疡、蛇咬伤。

玉 露

Haworthia cooperi

〔别名〕绿玉杯。

〔科属〕百合科十二卷属。

〔原产地〕非洲南部。

〔花期〕春季。

〔旺家花语〕象征着“顽强的意志”。

四季养护

喜温暖、干燥和阳光充足的环境。不耐寒，怕高温和强光，不耐水湿。生长适温18~22℃，冬季不低于5℃。

全年花历

月份	浇水	施肥	病虫害	换盆 / 修剪
一月	💧	肥	🐞	
二月	💧	肥	🐞	
三月	💧		🐞	🪴 ✂
四月	💧		🐞	🪴 ✂
五月	💧		🐞	
六月	💧		🐞	
七月	💧		🐞	
八月	💧 🧴		🐞	
九月	💧 🧴	肥	🐞	
十月	💧 🧴	肥	🐞	
十一月	💧	肥	🐞	
十二月	💧	肥	🐞	

选购

选购玉露时，要求株形健壮、端正、饱满，呈莲座状，株幅在10厘米左右；叶片多，肥厚，浅绿色、深绿色脉纹明显；透明，无缺损，无焦斑，无病虫危害。

选盆/换盆

常用直径12~15厘米的盆。每年春季换盆。

配土

盆栽玉露适宜生长于含有石灰质的粗颗粒度的肥沃沙质土壤中。常用泥炭土、培养土和粗沙的混合土，加少量骨粉。

摆放

适宜摆放在书桌、卧室等半阴的环境中，也可置于有纱帘的朝东和朝南窗台或阳台。

浇水/光照

春季生长期盆土保持稍湿润，每周浇水1次，遵循“干则浇，浇则透”的原则。摆放在阳光充足的地方，保证光照。盛夏高温时，植株进入休眠状态，如果频繁浇水，易造成盆土过湿，茎叶徒长，还会导致基部叶片发黄腐烂，严重时甚至整株死亡。此时应减少浇水次数，尤其硬质叶品种，盆土保持稍干燥，有利于过夏。注意遮阴、及时通风。秋季天气转凉，叶片恢复生长，盆土保持稍湿润，每周浇水1次。空气干燥时，向植株及周围喷雾增湿，使其慢慢恢复。冬季室温不低于5℃，保持阳光充足，严格控制浇水。

施肥

生长期每月施肥1次，用稀释饼肥水或用“卉友”15-15-30盆花专用肥。防止水肥淋入叶片基部，弱株不宜施肥。

修剪

春季换盆时，清理叶盘下萎缩的枯叶，并把老化、中空、过长的根系及时清除。烂根部分蘸多菌灵后，晾干重新上盆养护。因为其花朵观赏价值低，为了避免消耗过多养分，可将花葶剪除，这样可避免残花梗留在叶间影响生长。

繁殖

播种：春季采用室内盆播，发芽适温21~24℃，播后2周发芽。因为玉露根系较浅，盆栽时宜浅不宜深。分株：全年均可进行，常在春季4~5月结合换盆进行，把母株周围幼株分离，直接盆栽即可。刚栽时，浇水不宜过多，以免引起腐烂。扦插：在5~6月进行，以叶插为主。将叶片剪下，稍干燥后扦插。

病虫害

有时发生叶腐病危害，发病初期用50%多菌灵可湿性粉剂1 500倍液喷洒。虫害有粉虱危害，可用10%除虫精乳油3 000倍液喷洒。

不败指南

如何让玉露看起来更加水灵？

答：生长期为了让玉露更加水灵，顶部更加透明，可选择用透明塑料瓶闷养的方式，即先将植株套起来，形成一个空气湿润的小环境，放阳光散射处养护，从而使玉露的生长更加旺盛，叶片晶莹剔透。需要注意：一是塑料瓶空间要稍大；二是夏季高温季节要拿掉塑料瓶，以免闷死植株。

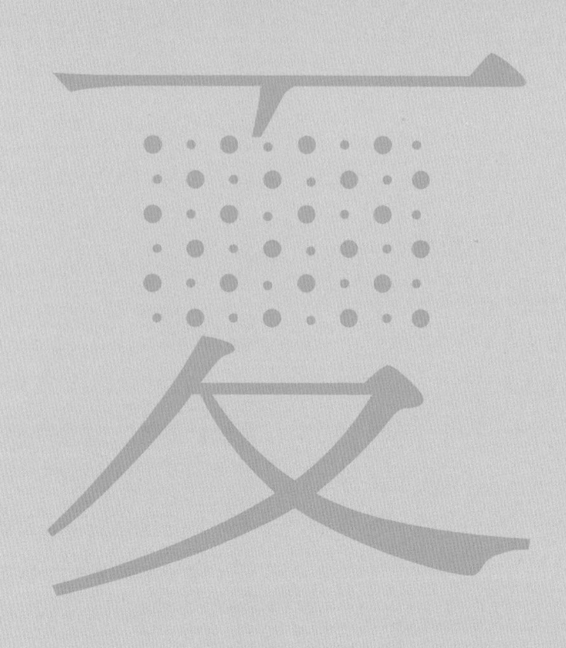

梅子金黄杏子肥，
麦花雪白菜花稀。
日长篱落无人过，
唯有蜻蜓蛱蝶飞。

四时田园杂兴·其二
［南宋］范成大

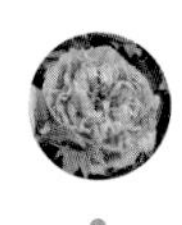

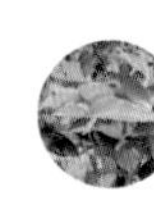

第三章

夏季
新手入门的
花草

Xia Ji Xin Shou Ru Men De Hua Cao

雏 菊

Bellis perennis

〔花期〕春夏季

五月

纯 真

〔别名〕延命菊

〔科属〕菊科雏菊属。

〔原产地〕欧洲。

〔旺家花语〕摩羯座守护花。雏菊在欧洲常被少女作为“爱的测定器”。

四季养护

喜凉爽、湿润、阳光充足的环境。不耐水湿，怕高温。生长适温7~15℃，冬季在5℃下能正常开花，但重瓣品种耐寒性稍差。

全年花历

月份	浇水	施肥	病虫害	换盆/修剪
一月	💧	肥		
二月	💧	肥		✂
三月	💧	肥	🐞	✂
四月	💧	肥	🐞	✂
五月	💧	肥	🐞	✂
六月		肥		✂
七月		肥		✂
八月	💧	肥		
九月	💧	肥		
十月	💧	肥		
十一月	💧	肥		
十二月	💧	肥		

选购

购买盆花宜选株丛密集，株高不超过20厘米，叶片亮绿色，无黄叶、病叶者，以1/2开花者为宜。不买花茎稀少，花茎过长的盆花。若选购切花，以花朵充分开放为好。

选盆/换盆

常用直径12~15厘米的盆。上盆后不用再换盆。

配土

盆栽宜选富含腐殖质、肥沃、疏松、排水良好的沙质土壤，如腐叶土、培养土和粗沙的混合土。

摆放

雏菊植株矮小，开花整齐，花色素雅，多用于装饰花坛、花带、花境的边缘，层次特别清晰。若用它点缀岩石园或小庭园，则更觉精致小巧，惹人喜爱。

浇水/光照

春季生长期盆土保持湿润，表土干燥时应立即浇水。夏季适度遮光，及时通风，摆放凉爽处越夏，分株苗注意遮阴。秋季控制浇水量，适度光照。冬季盆栽苗株宜摆放在朝东或朝南的阳台或窗台，切忌长时间摆放于半阴或光线不足的场所，盆土保持湿润即可。

施肥

每半月施肥1次，用“卉友”15-0-15高钙肥。保证肥水充足，则花开茂盛，亦可延长花期。

修剪

花期勤摘老叶和黄叶，随时剪除残败花茎，有利于通风透光和萌发新花茎。

繁殖

播种：种子喜光，播种不覆土，轻压即可，发芽适温18~21℃。苗具2~3片真叶时移植，可促使多发根。分株：花后老株可分株繁殖，但长势不如播种的实生苗。

病虫害

常见菌核病、叶斑病和小绿蚱蜢危害。菌核病用50%托布津可湿性粉剂500倍液喷洒。虫害可用50%杀螟松乳油1 000倍液喷杀。

不败指南

1 雏菊的花茎下垂是什么原因？

答：这种情况很可能是因为摆放不当造成的。盆花或切花忌长时间摆放于半阴或光线不足之处，这样花茎易下垂，花期缩短，花瓣容易褐化。因此冬季将盆栽移至阳光充足处，有利于雏菊越冬。

2 雏菊有哪些功效？

答：在欧洲，雏菊幼嫩的叶片，白色的花瓣，煮过或腌过的根部都可以拌入沙拉食用。花朵浸出液加入洗澡水中，有助于滋润冬季干燥的皮肤。雏菊还有较高的药用价值，具有清热解毒、消火止痛等功效。

3 如何延长雏菊切花的观赏期？

购买后的切花湿贮于水中，室温4~5℃，可贮存3天。如1升水中放入0.5%硼酸或花茎切口抹上食盐，有保鲜作用，可延长观花期。

红紫相间的雏菊层次分明、花色素雅，十分惹人喜爱。

五月

维士与女，伊其相谑，赠之以芍药。

诗经·郑风·溱洧

芍 药

Paeonia lactiflora

〔别名〕将离。

〔科属〕毛茛科芍药属。

〔原产地〕中国西北部、蒙古、西伯利亚东部。

〔花期〕夏季。

〔旺家花语〕双子座守护花。适合作为信物送恋人，也可以赠即将分别的友人。

四季养护

喜冷凉、湿润和阳光充足的环境。耐寒性强，怕积水和高温。生长适温10~25℃，冬季能耐−15℃低温。

全年花历

月份	浇水	施肥	病虫害	换盆/修剪
一月		肥		换盆
二月	√			换盆
三月	√			
四月	√	肥	√	修剪
五月	√		√	修剪
六月	√			
七月	√			
八月	√			
九月	√	肥		
十月	√	肥		换盆
十一月	√	肥		换盆
十二月		肥		换盆

选购

在选购花枝或盆花时，以紧实花蕾开始显色的为宜，重瓣花比单瓣花稍显色些。

选盆/换盆

常用直径20~25厘米的盆。宜10月中旬至翌年2月中旬换盆。

配土

盆栽可用肥沃园土、腐叶土和粗沙的混合土。

摆放

花枝宜用于插花装饰居室。婚房可用芍药与彩虹鸟、红掌等瓶插布置。

浇水/光照

春季盆土保持湿润，不能积水，充足光照。夏季进入花期，需保持土壤湿润，但不能积水，充足光照，及时遮阴防暑，浇水用细喷壶，防止猛水冲淋，雨后及时排水。秋季盆土保持湿润。冬季植株处于休眠期，培土盖草以防根部芽头外露冻伤。雨、雪天气防止土壤过湿或积水，以免烂根、伤苗，适度光照。

施肥

生长期施肥2~3次，用腐熟饼肥水。4月进入现蕾期，为了让花开得大而鲜艳，每周施磷钾肥1次，有利花蕾发育。

修剪

当出现主花蕾时，及时剥去侧花蕾，一般一茎只宜留一花，花后立即剪去花茎。

繁殖

分株：9~12月进行，剪去地上部分，挖出根部，剪去老根，不伤新根，顺裂缝用刀切开，每个分株要有3~5个鼓起的花芽，切忌碰伤芽头。播种：7月种子成熟后立即播种，当年秋季幼根萌发，翌春发芽。实生苗需4~5年可开花。

病虫害

常有黑斑病和白绢病危害，发病前定期喷洒50%多菌灵可湿性粉剂500倍液。虫害有蛴螬(qí cáo)、蚜虫，分别用50%马拉松乳油2 000倍液和40%乐果乳油2 000倍液喷杀。

不败指南

1 芍药的根部腐烂了怎么办?

答：浇水过于频繁会导致地下根部腐烂致死。因为芍药的根是肉质根，耐旱但怕积水，除现蕾期和花期不可缺水外，平时保持土壤湿润即可。

2 芍药具有哪些药用价值?

答：关于芍药的食用，清代《御膳缥缈录》中曾有记述，慈禧太后为了养颜益寿，将芍药的花瓣与鸡蛋、面粉混合后用油炸成薄饼食用。清代黄云鹄《粥谱》所述白芍药花粥，用白芍药花6克，粳米50克，粳米加水常法煮粥，粥熟放入白芍药花，调匀，再略煮，即可食用，有补血敛阴、平肝止痛的功用。芍药根可入药，具有养血柔肝、缓中止痛、敛阴止汗的功效。古代方剂中就有白芍、当归、川芎、熟地组成的四物汤，用于治疗月经不调等妇科疾病。

想要花朵饱满鲜艳，一般要在春季剥去侧花蕾，一茎只留一花。

非 洲 菊

Gerbera jamesonii

〔别名〕扶郎花、大丁草。

〔科属〕菊科大丁草属。

〔原产地〕非洲南部。

〔花期〕春季至秋季。

〔旺家花语〕天秤座和射手座守护花，狮子座幸运花。单瓣花代表“温馨”，重瓣花代表“热情可嘉”。送人时，不要只送1枝，因为有“打肿脸充胖子”的意思。

四季养护

喜温暖、湿润和阳光充足的环境。不耐寒，喜大肥大水，不耐高湿、干旱和积水。生长适温18~28℃，夜间15~18℃。

全年花历

月份	浇水	施肥	病虫害	换盆 / 修剪
一月	💧	肥		
二月	💧	肥		
三月	💧	肥		
四月	💧	肥	🐞	✂
五月	💧	肥	🐞	
六月	💧	肥	🐞	
七月	💧	肥	🐞	
八月	💧	肥	🐞	
九月	💧	肥	🐞	🪴
十月	💧	肥	🐞	🪴
十一月	💧	肥		
十二月	💧	肥		

选购

选购盆栽时，以植株健壮，叶丛丰满，排列有序，叶色深绿为宜；无缺损、无病虫，至少有一朵花开放；切花以外围花朵散落出花粉者为宜。

选盆 / 换盆

常用直径15厘米的盆。每年秋季换盆。

配土

盆栽可用腐叶土或泥炭土、肥沃园土和沙的混合土。

摆放

盆栽点缀在窗台、阳台或书房，显得生机勃勃、娴静高雅。用非洲菊与薰衣草、麦穗配置插花，摆放在客厅中心的茶几上，表现出热情与强劲的生命力，也别具新意。

浇水/光照

春季每3~4天浇水1次，盆土不宜过湿。夏季每周浇水3次。盛夏每1~2天浇水1次，忌向叶丛中心淋水，适当遮阴。秋季减少浇水量，以每周浇水2次为宜。冬季室温10℃以上，每4~5天浇水1次。室温低于10℃时，每周浇水1次。

施肥

生长期每半月施肥1次，用腐熟饼肥水，花芽形成至开花前增施1~2次磷钾肥，或用“卉友”20-8-20四季用高硝酸钾肥。

修剪

苗株上盆后半个月，喷洒1次0.25%的B-9液，控制株高。及时摘除部分老化叶片，花后将花茎剪除。

繁殖

播种：春秋为宜，发芽适温为18~20℃，播后7~10天发芽。分株：3~5月进行，托出母株，地下茎分切，每个子株需带新根和新芽，以根芽露出土面为宜。

病虫害

常有枯萎病、叶斑病危害，用65%代森锌可湿性粉剂600倍液喷洒。虫害有红蜘蛛和蚜虫，用40%氧化乐果乳油2 000倍液喷杀。

不败指南

1 非洲菊的花朵和花芽烂了是怎么回事?

答：可能是因为夏季午间没有遮阴，受高温影响，开花量减少，花朵变小。每1~2天浇水1次，午间强光时要适当遮阴，防止灼伤叶片和花朵。如果是冬季出现花芽腐烂，可能是浇水时向叶丛中心淋水导致的。

2 非洲菊切花如何保存?

答：非洲菊切花易感染灰霉病，花茎易弯曲，采切的花茎基部浸入含杀菌剂的水溶液中30分钟或天天换水，以防花茎腐烂发臭和花朵低头，花茎基部用塑胶托杯保护花朵，可防止花茎弯曲。

粉红色非洲菊花大舒展，娇艳悦目，适合盆栽装饰室内。

月　季

Rosa cvs.

〔别名〕玫瑰、现代月季、月月红。

〔科属〕蔷薇科蔷薇属。

〔原产地〕中国。

〔花期〕夏秋季。

〔旺家花语〕双子座守护花。送人以1枝、2枝、8枝、9枝、10枝、12枝和22枝为宜，忌送红、白两色组成的月季花束，其寓意为“三心二意”。

五月

只道花无十日红，此花无日不春风。

腊前月季

［南宋］杨万里

四季养护

喜温暖和阳光充足的环境。耐寒。生长适温20~25℃。冬季温度低于5℃，进入休眠期；一般品种耐-15℃低温，抗寒品种能耐-20℃低温。

全年花历

月份	浇水	施肥	病虫害	换盆/修剪
一月		肥		
二月	💧	肥		🪴 ✂
三月	💧	肥		
四月	💧	肥	🐞	
五月	💧	肥	🐞	
六月	💧	肥	🐞	
七月	💧 🧴	肥	🐞	
八月	💧	肥		
九月	💧	肥	🐞	
十月	💧	肥		
十一月		肥		🪴
十二月		肥		

选购

购买盆栽月季，以植株开始开花为宜。选购月季切花，要根据不同品种而定，红色或粉红色品种，以头两片花瓣开始展开，萼片处于反转位置为宜。

选盆/换盆

常用直径15~18厘米的盆。微型月季用直径10~15厘米的盆。每年在初冬或早春换盆。

配土

盆栽以肥沃、疏松、透气性好的微酸性沙质土壤为宜，可用园土、腐叶土和沙的混合土。

摆放

盆栽点缀在书房窗台和居室，呈现出温馨、幸福的气氛。月季花枝瓶插摆放在茶几、低柜、镜前或餐桌，增添温馨喜庆的感觉。月季配植在小庭园内，花时鲜艳夺目，令人心旷神怡。

浇水/光照

春季盆土保持湿润，每周浇水1次。开花期可多晒太阳，有利于开花。夏季每周浇水2~3次，气温超过20℃时，向叶面喷雾。秋季盆土保持湿润，每周浇水1次。冬季盆土保持干燥，摆放在温暖、阳光充足处。

施肥

每半月施肥1次，花期增施2~3次磷钾肥。春季萌芽展叶时，新根生长较快，施肥浓度不能过高，以免新根受损。

修剪

生长过程中，注意修剪，去除过多侧枝和蘖芽。现蕾期，应摘蕾和摘去腋芽，每枝只开一花。必须在萌芽前完成。

繁殖

扦插：全年均可进行，剪取健壮枝条，长8~10厘米，基部的叶及侧枝保留3~5片小叶，保持室温为20~25℃和较高的空气湿度。扦插枝条剪下后，要立即插入盆中，深度为插穗的1/3~1/2，并浇透水，至水从盆底渗出时，可以用塑料袋罩上，置阴凉处，提高扦插成活率。如果在春夏进行，约15天生根；秋插约30天生根；冬插先愈合，翌年春天生根。

月季的修剪

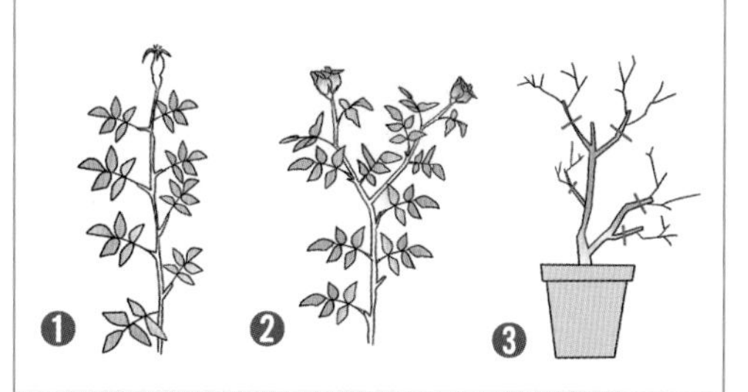

❶ 将花后的花枝在长有5片叶的上部剪除。

❷ 修剪后的月季第2次开花。

❸ 花期结束后，先剪至全株的1/3，再在外侧芽的上部进行剪除。

病虫害

常发生白粉病和黑斑病，白粉病用70%托布津可湿性粉剂600倍液喷洒，黑斑病在冬季剪除病枝，清除落叶。有蚜虫、刺蛾和天牛等虫害。蚜虫、刺蛾用40%氧化乐果乳油2 000倍液喷杀，天牛用80%敌敌畏原液毒杀。

不败指南

月季春季发出的新芽为什么都死掉了？

答：很可能是冬季过早修剪，导致萌发新芽太早，从而使得嫩芽遭受霜冻。应尽量在早春萌发新芽前修剪，可结合换盆进行。

五月

唯有牡丹真国色，花开时节动京城。

赏牡丹 [唐]刘禹锡

牡丹

Paeonia suffruticosa

〔别名〕洛阳花、富贵花。

〔科属〕毛茛科芍药属。

〔原产地〕中国西北部。

〔花期〕春末至夏初。

〔旺家花语〕金牛座守护花。红色牡丹寓意“我珍惜你的爱”，白牡丹表示“珍重”。落瓣的牡丹花枝或盆花忌送。

四季养护

喜凉爽和阳光充足。耐寒、耐旱，怕炎热和多湿。生长适温13~18℃，冬季能耐−15℃低温。花期以15~20℃为宜，过热花朵会提早凋谢，干热天气影响茎叶生长。

全年花历

月份	浇水	施肥	病虫害	换盆/修剪
一月	💧	肥		
二月	💧	肥		
三月	💧	肥		
四月	💧	肥		
五月	💧	肥		
六月	💧	肥		
七月	💧	肥	🐞	
八月	💧	肥	🐞	
九月	💧	肥		换盆
十月	💧	肥		换盆
十一月	💧	肥		✂
十二月	💧	肥		

选购

选购或采切花枝时，以紧实花蕾开始显色时为宜。重瓣花应比单瓣花稍后些采，红色品种比白色品种稍后些采。采切时应尽可能留给母株多一些叶片，以保证下一年可继续采切。

选盆/换盆

盆栽用直径20~30厘米的深盆（深35厘米）。盆栽时间在9月下旬至10月上旬。上盆前让植株晾干1~2天，待根部变软，剪去过长和受伤的根，栽植时根颈与土面齐平。栽后浇透水。

配土

盆土用肥沃园土、腐叶土和沙的混合土。

摆放

牡丹株形端庄，枝叶秀丽，花姿典雅，在唐代已赢得“国色天香”之誉，特别适合庭园栽植和阳台、厅堂盆栽观赏，花时娇艳夺目，妩媚动人。花枝瓶插摆放门厅，亦别有意境。

浇水/光照

生长期盆土保持湿润，过湿或盆中积水会导致烂根。

施肥

生长期每半月施肥1次，开花前和花期每周施肥1次，以磷钾肥为主。

修剪

秋冬落叶后，剪去交叉枝、内向枝等过密枝条，利于通风透光和株形美观。冬季根据植株长势进行定干（这是对观赏花木按要求高度所进行的一种短截修剪措施。定干高度包括主干高度和将来分生主枝的范围）、除芽和修剪，保证植株生长均衡、花大色艳。

繁殖

分株：在秋季进行，将4~5年生大丛牡丹整株挖出，阴干2~3天，待根稍软时分开栽植，每株以3~5个蘖芽为宜。嫁接：在夏秋季进行，以芍药根为砧木，选牡丹根际上萌发的新枝或1年生短枝作接穗，采用劈接或嵌接法，成活率高。

病虫害

常见炭疽病和褐斑病危害，可用波尔多液喷洒预防。虫害有蚜虫、红蜘蛛和天牛，蚜虫和红蜘蛛可用40%氧化乐果乳油1 000倍液喷杀，天牛用90%敌百虫原药1 000倍液喷杀。

不败指南

1 我养的牡丹早早就开了，而且有落叶，是怎么回事？

答：可能是天气的原因，牡丹怕炎热和多湿。干热天气和雨水过多，对牡丹生长不利，易发生落叶、开花早的现象。另外，栽培牡丹切忌碱性土壤，栽植切忌过深，以根颈与土面齐平为好。

2 为什么我种的牡丹一直不开花？

主要是夏季强光下暴晒导致的，造成叶片灼伤、脱落，直接影响到花芽的形成，也就无花可开了。其次是肥料不足或施氮素肥过多，难于形成花芽。三是修剪不合理，包括残花摘除不及时、萌蘖枝保留过多、不定芽剥除过晚等，都会影响牡丹的正常开花。

接天莲叶无穷碧，映日荷花别样红。

晓出净慈寺送林子方
［南宋］杨万里

荷 花

Nelumbo nucifera

〔别名〕莲花。

〔科属〕睡莲科莲属。

〔原产地〕中国、日本、伊朗、澳大利亚。

〔花期〕夏季。

〔旺家花语〕在我国，荷花有“出淤泥而不染”的品质，是“洁身自好”的象征。

四季养护

喜温暖、喜光、喜水和喜肥的水生植物。怕大水淹没和干旱。气温20~30℃时对花蕾发育和开花最为适宜，24~26℃对地下茎的生长有利。

全年花历

月份	浇水	施肥	病虫害	换盆/修剪
一月	✓	✓	✓	
二月	✓	✓	✓	
三月	✓	✓	✓	✓
四月	✓	✓	✓	✓
五月	✓	✓	✓	
六月	✓	✓	✓	
七月	✓	✓	✓	
八月	✓	✓	✓	
九月	✓	✓	✓	
十月	✓	✓	✓	
十一月	✓	✓	✓	
十二月	✓	✓	✓	

选购

以植株健壮，立叶分布满盆，叶片完整，边缘波状，无黄叶、断叶和病虫叶为好。若选购种藕，要求健壮、新鲜，有饱满、完整的顶芽。

选盆/换盆

小型荷花常用直径26厘米的盆。忌用尖底盆。盆栽每年换盆。

配土

盆栽以富含腐殖质的肥沃的黏质土壤为宜，盆栽或缸栽荷花，应施足基肥。种藕必须带完整的顶芽，栽植时顶芽朝上。

摆放

荷花色泽清丽，花、叶均有清香，适合庭园池塘水景配置。

浇水/光照

春季盆栽荷花，水深保持在6~10厘米。夏季随浮叶和立叶的生长，逐渐提高水位，保证充足光照。秋季宜浅水，忌忽然降温和狂风吹袭。冬季保持气温在10℃以上，充足光照。

施肥

初期施足基肥，添加腐熟饼肥。进入开花前期，应追施速效性磷肥，每缸用0.1克磷酸二氢钾，每旬施1次。生长后期每半月1次，使用“卉友”15-30-15高磷肥。

修剪

剪除过多浮叶和枯黄的立叶。生长期不能摘叶或损伤叶片，否则影响种藕发育，荷叶要让其自然枯黄。

繁殖

播种：播前将种皮搓破，浸泡水中。待种皮膨胀后再播，发芽适温为25~28℃，播后1周左右发芽，荷花实生苗可当年开花。分株：4月上旬将主藕或子藕挖出，进行分栽，种藕须带完整的顶芽，否则当年不易开花。

病虫害

常见有斑枯病、斑点病和大蓑蛾、蚜虫、斜纹夜蛾危害。病害用25%多菌灵可湿性粉剂800倍液喷洒，虫害用90%敌百虫1 500倍液喷杀。

不败指南

1 我家院子里有水池，可以栽种荷花吗？

答：不是只要有水池就可以。作为庭园布置，凡难于控制水位的水池，不宜种植荷花，凡背阳或光线不足的场所，忌养盆栽荷花。

2 据说荷花浑身都是宝，是真的吗？

答：荷花确实浑身是宝。莲藕可用于烹饪佳肴。苏州蜜钱藕片、杭州西湖藕粉、糯米藕都吸引着中外宾客。莲子是甜食、糕点的主要原料之一，常见有莲蓉月饼、莲肉糕、莲子糖米粥、莲子孩儿饼、莲子百合糊、莲子羹等，还制成药膳食用，如莲子山药汤、莲米苡仁排骨、莲子猪肚等。莲叶具有去暑解毒的功用，又为减肥食品，配制药膳食用，有荷叶粥、荷叶粉蒸鸡、荷叶乳鸽片等。荷蒂能和胃安胎，又能加工成荷蒂粥、荷蒂莲子汤。莲梗能通气宽胸。

卓越

伯里夫人

绿 萝

Epipremnum aureum

〔别名〕黄金葛、黄金藤。

〔科属〕天南星科麒麟叶属。

〔原产地〕所罗门群岛。

〔花期〕夏季。

〔旺家花语〕白羊座守护花。有“坚韧善良”“守望幸福”的花语。因其生命力极顽强，遇水即活，又被称为“生命之花”。

四季养护

喜温暖、湿润和半阴的环境。不耐寒，怕干燥，忌强光。生长适温15~25℃，超过30℃和低于15℃生长速度缓慢。

全年花历

月份	浇水	施肥	病虫害	换盆 / 修剪
一月	💧		🐞	
二月	💧		🐞	🪴✂
三月	💧		🐞	🪴✂
四月	💧		🐞	🪴✂
五月	💧	肥	🐞	
六月	💧	肥		
七月	💧	肥		
八月	💧💦	肥	🐞	
九月	💧💦		🐞	
十月	💧💦		🐞	
十一月	💧		🐞	
十二月	💧		🐞	

选购

以植株端正，不凌乱无序，下垂枝叶整齐、匀称，叶片厚实、绿色，无缺叶或断枝者，没有黄叶和病虫害痕迹者为好。植株的茎叶比较柔嫩，携带时防止折伤叶片和茎节。

选盆/换盆

盆栽常用直径10~15厘米的盆，吊盆常用直径15~18厘米的盆，水培容器大小不等。每隔2年在春季换盆。

配土

盆栽可用培养土、腐叶土和粗沙的混合土。

摆放

刚买回家的绿萝，适宜摆放在室内光线明亮的地方。吊盆绿萝可悬挂在朝南或朝东窗台上方1米的地方。

浇水/光照

春季生长旺盛期，每周浇水1次，盆土保持湿润，常向叶面喷水，遮光50%。夏季同春季，避免太阳暴晒。秋季空气干燥时应向叶面喷雾，适度光照。冬季室温不低于15℃，每半个月浇水1次，盆土保持稍干燥，不遮光。

施肥

5~8月每半月施肥1次，用稀释的腐熟饼肥水或“卉友”20-20-20通用肥，促进茎叶生长，若氮肥过多，则茎节生长过长，容易折断。若是水培绿萝，生长期每半月补充1次营养液。若用淘米水给绿萝施肥，须经沤制发酵，腐熟后才能使用，否则会引起烂根。

修剪

株高15~20厘米时摘心，促使多分枝，下垂分枝长短不一或过长时，修剪整形。盆栽2~3年，枝条过多过密时，下部叶片枯黄脱落或萎黄，可重剪更新。换盆时需剪除部分根系、下垂枝和黄叶，保持株形匀称。

绿萝的水培

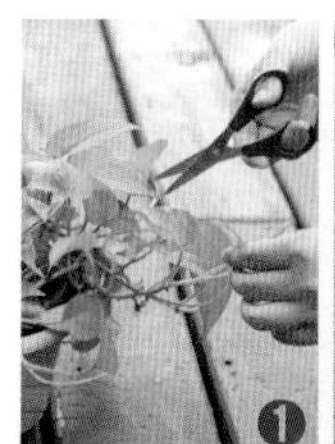

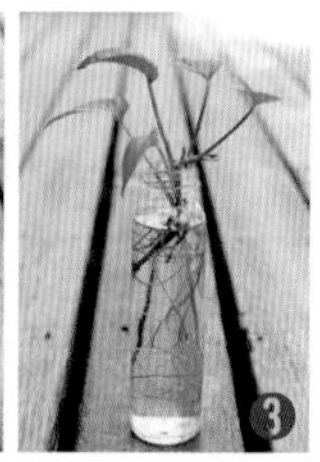

❶ 挑选20厘米左右的茎剪断作为插条，断面要平滑、有斜面。

❷ 把插条放入盛有清水的瓶中，用塑料袋套好，保持湿度。

❸ 放在室内半阴处，定期换水即可。

繁殖

扦插：在5~10月进行扦插，将茎剪成20厘米一段，插于盛有河沙的盆内或用水苔包扎，放在25~30℃和较高的空气湿度下，插后1个月左右生根并萌发新芽。

病虫害

生长期主要有线虫引起的根腐病和叶斑病。根腐病可用3%呋喃丹颗粒剂防治，叶斑病可用75%百菌清可湿性粉剂800倍液喷洒防治。虫害有红蜘蛛，发生时用40%三氯杀螨净乳油3 000~4 000倍液喷杀。做好通风透光工作，有利于绿萝生长，免遭虫害侵袭。

不败指南

绿萝的叶片变黄了是什么原因?

答：枝条过多过密、长期摆放在光线较差的位置、浇水过多，都容易引起根部受损；室温过低或过高以及通风不畅、遭受虫害等，也会引起叶片变黄和脱落。

美女樱

Verbena hybrida

〔花期〕夏秋季

六月

家和万事兴

〔别名〕美人樱

〔科属〕马鞭草科马鞭草属。

〔原产地〕巴西、秘鲁、阿根廷、智利。

〔旺家花语〕狮子座守护花。形如绣球，在欧美有“协力一致”的花语。

四季养护

喜温暖、湿润和阳光充足的环境。不耐严寒，怕干旱和高温，忌积水。生长适温5~25℃，最适16℃，冬季能耐-5℃低温。

全年花历

月份	浇水	施肥	病虫害	换盆/修剪
一月	○	肥		
二月	●	肥		
三月	●	肥		
四月	●	肥		✓
五月	○	肥	✓	✓
六月	○	肥	✓	
七月	○	肥	✓	
八月	●	肥		
九月	●	肥		
十月	○	肥		
十一月	○	肥		
十二月	○	肥		

选购

选购盆栽时，以部分花朵开始开放为宜，若具白眼或双色者更佳，要求株形美观，丰满，株高不超过20厘米，叶片卵圆形，密集，深绿色。

选盆/换盆

盆栽常用直径12~15厘米的盆，每盆栽3株苗；吊盆常用直径20~25厘米的盆，每盆栽5株苗。

配土

盆栽以疏松、肥沃和排水良好的沙质土壤为宜，可用培养土、泥炭土和沙的混合土。

摆放

美女樱适宜摆放在朝西阳台或阳光充足的书房窗台、走廊，摇曳多姿，鲜艳雅致，富有情趣。对乙烯较为敏感，不宜靠近塑料花和水果。

浇水/光照

春季每周浇2次水，幼苗期盆土必须保持湿润。夏季进入盛花期，土壤表面干燥时，充分浇水，但切忌过湿。夏季超过30℃，大多数品种生长停滞，而耐热品种在高温季节仍然开花，因此需保证水分充足。秋季盆土保持稍湿润，可让盆栽植株继续开花，秋末搬进室内养护，摆放在温暖、阳光充足的窗台或阳台，室温保持12~16℃。冬季充足光照，盆土保持湿润。如需提早开花，可将室温提高到白天16℃，夜间12℃。

施肥

苗期和花期每2周施肥1次。生长期每半月施肥1次，用腐熟饼肥水或“卉友”20-20-20通用肥。

修剪

对分枝性强的品种不需摘心，对分枝性差的品种，在苗高10~12厘米时，进行摘心。在出现花枝过长的现象时，可适当修剪。花后可摘除花枝，有利于继续形成新花枝。若植株生长过密时，可剪去整株1/3或1/2，调整株形，促使重新萌发新枝，剪下的可用于扦插。

美女樱的扦插繁殖

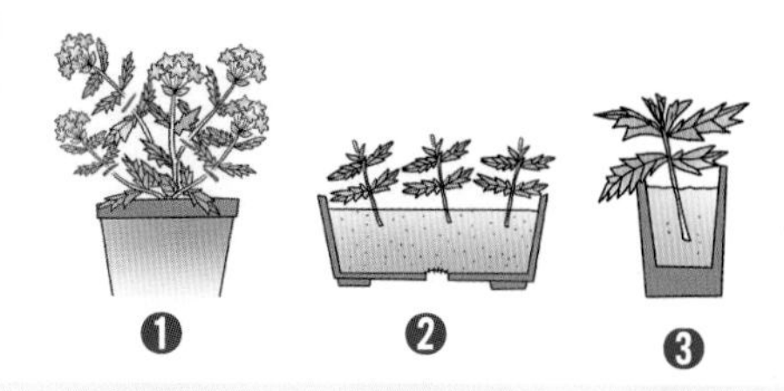

❶ 剪取长得过高的花枝用来扦插。
❷ 插在蛭石中。
❸ 也可以水插，等根系长出后上盆。

繁殖

播种：以春秋季进行为好。春季室内盆播，发芽适温为20~22℃，播后不覆土，撒一薄层蛭石粉，既保温又透光，14~20天发芽，30天后幼苗可移栽。若是秋季播种，苗高7~8厘米时，定植于直径12~15厘米的盆中，每盆栽3株苗。

病虫害

主要有白粉病和霜霉病危害，可用70%甲基托布津可湿性粉剂1 000倍液喷洒。虫害有蚜虫和粉虱，用2.5%鱼藤精乳油1 000倍液喷杀。

不败指南

美女樱的花色暗淡、茎叶徒长怎么办？

答：养护美女樱应保持盆土湿润，光照充足。土壤过湿或光照不足，都会造成美女樱枝蔓徒长细弱，开花减少，花朵变小，花色不鲜艳。

六月

圆整装花蕊，周遭列饮仙。

聚八仙
［南宋］洪适

八 仙 花

Hydrangea macrophylla

〔别名〕紫阳花、绣球花、洋绣球。

〔科属〕虎耳草科八仙花属。

〔原产地〕中国、日本。

〔花期〕春夏季。

〔旺家花语〕八仙花取名“八仙”，与我国的八仙神话有关，有“八仙过海，各显神通”的寓意。花朵聚集在一起，形成绣球状，象征“美满”“丰盛”。

四季养护

喜温暖、湿润和半阴的环境。不耐严寒，怕水湿和干旱。生长适温为18~28℃，冬季温度不低于5℃。花芽分化5~7℃下完成，20℃能促使开花。

全年花历

月份	浇水	施肥	病虫害	换盆 / 修剪
一月	○	肥		
二月	○	肥		
三月	●	肥		🪴
四月	●	肥		🪴
五月	● 💦	肥		
六月	● 💦	肥	🐞	
七月	● 💦	肥	🐞	
八月	●	肥	🐞	✂
九月	○	肥	🐞	
十月	○	肥	🐞	✂
十一月	○	肥	🐞	
十二月	○	肥		

选购

盆花以植株开始开花为好，切花以圆锥花序上有1/2的花朵开放为宜。

选盆/换盆

常用直径15~20厘米的盆。每年春季换盆。

配土

肥沃园土、泥炭土和河沙的混合土。在酸性土中种植，花呈蓝色，在碱性土中种植，花呈红色。

摆放

盆栽点缀于窗台、阳台、门厅和客厅，花团锦簇，叶绿花红，十分雅致耐观。

浇水/光照

春季生长期盆土保持湿润，充分浇水。夏季每周浇水2次，高温干燥时，每天向叶面喷雾，注意通风，盆栽植株开花时，适当遮阴，有助于延长花期。秋季待盆土表面干燥后再浇水，控制浇水量。冬季同秋季，摆放在阳光充足处。

施肥

每半月施肥1次，可用“卉友”21-7-7酸肥。

修剪

花苗高至15厘米时可摘心。花后也需要及时修剪。花后修剪一方面是为了保存实力，另一方面是防止株形过高，以促发新枝。入冬前将新梢的顶部剪去，有助于八仙花越冬。

繁殖

分株：早春萌芽前，将已生根的枝条与母株分离，直接盆栽，放半阴处养护。压条：在芽萌动时进行。30天后生根，翌年春季与母株切断，带土移植，当年可开花。扦插：在梅雨季节进行，剪取顶端嫩枝，长20厘米，摘去下部叶片，适温为13~18℃，插后15天生根。

病虫害

主要有萎蔫病、白粉病和叶斑病危害，用70%代森锰锌可湿性粉剂600倍液喷洒。虫害有蚜虫、盲蝽危害，可用40%氧化乐果乳油1 500倍液喷杀。

不败指南

1 冬天八仙花叶片枯萎了是什么原因？

答：这是因为温度太低，八仙花冬季可耐-15℃低温，但温度低于5℃时，叶片开始发黄枯萎。但是也不要因此就将盆栽八仙花摆放在温度过高的位置，否则会导致花朵褪色加快。另外，盆土切忌过湿，否则易引起烂根和叶片腐烂。

2 八仙花有哪些药用价值？

答：八仙花的花、叶、根均可入药，具有抗疟、强心的功用。用八仙花叶9克、黄常山6克，水煎服，治疟疾。用八仙花7朵，水煎洗患处，治肾囊风。八仙花根、醋磨汁，以鸡毛抹患处，至口涎流出即可愈，治喉烂。八仙花根、野菊花、漆树根各15克，用水煎服，治胸闷、心悸。八仙花有小毒，不宜多服久服。

八仙花呈蓝色，可能因为种植于酸性土壤。

倒挂金钟

Fuchsia hybrida

〔别名〕吊钟海棠、灯笼花。

〔科属〕柳叶菜科倒挂金钟属。

〔原产地〕墨西哥高原地区。

〔花期〕春末至夏初、秋末至冬初。

〔旺家花语〕白羊座守护花。花朵似吊钟，象征着警钟长鸣，寓意为“警告”。而欧美的寓意为“爱好”“趣味”“尝试”。法国则有“热情”“热心”的花语。

四季养护

喜凉爽、湿润和阳光充足的环境。较耐寒，怕高温，生长适温15~22℃，冬季温度不低于5℃植株正常生长。

全年花历

月份	浇水	施肥	病虫害	换盆 / 修剪
一月	💧	肥	🐞	
二月	💧	肥		🪴 ✂
三月	💧	肥		🪴 ✂
四月	💧	肥		🪴 ✂
五月	💧			
六月	💧		🐞	
七月	💧 喷雾		🐞	
八月	💧 喷雾		🐞	
九月	💧 喷雾		🐞	
十月	💧	肥	🐞	
十一月	💧	肥		
十二月	💧	肥	🐞	

选购

选购倒挂金钟以植株开始开花为宜，并以分枝多、叶片深绿、花蕾多和花型大的株形为好。

选盆 / 换盆

常用直径15厘米的盆，每盆栽苗2~3株。每年春季换盆。换盆时需要对植株加以短截或重剪。

配土

盆栽以肥沃、疏松和排水良好的沙质土壤为宜，可用腐叶土或泥炭土、培养土和沙的混合土，也可用园土、腐叶土和珍珠岩的混合土。

又称『灯笼花』，花如其名。

摆放

倒挂金钟株态优美，花形奇特，花色丰富，花期又长。适用于门厅、客厅、花架、窗台或阳台悬挂欣赏，花似小红灯笼，风来自摇，令人备感喜悦。

浇水/光照

春季每周浇水2次，保证阳光充足。室温保持在10℃以上。夏季高温时，盆栽植株进入半休眠状态，保持土壤微湿，每周浇水3~4次并多喷水、降温和提高空气湿度。梅雨季节，注意通风，防止灰霉病和蚜虫发生。盆栽植株放室外时，雨后要防止盆内积水和大风吹袭。秋季天气转凉，每周浇水1次，保证光照充足。盆土不宜过湿，以免缩短花期。秋末将盆栽植株搬进室内，放在阳光充足处，保持室内温度在12~15℃。冬季室温保持在10℃以上，每周浇水1次。

施肥

生长期每半月施肥1次，用腐熟饼肥水或“卉友”15-15-30盆花专用肥。夏季停止施肥，放通风凉爽处。

修剪

苗期摘心2~3次，第一次在3对叶时，留2对叶片摘心，促发分枝。当新枝长出3~4对叶时，第二次摘除顶部1对叶。

倒挂金钟的修剪和扦插繁殖

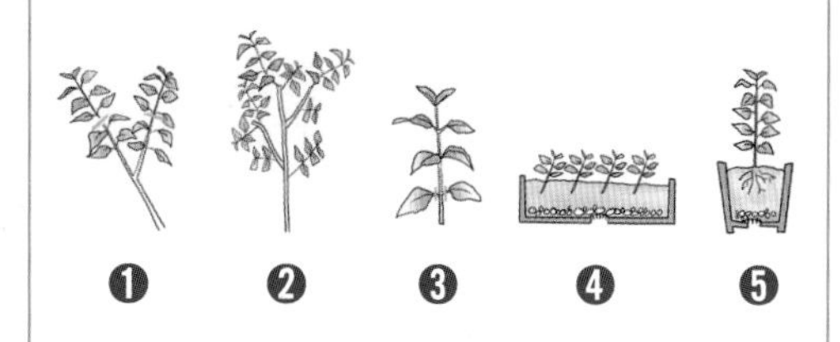

❶ 花后在长花的花株下部进行剪取。

❷ 剪短的地方长出新的枝茎。

❸ 剪下新枝的顶端部分做插穗，剪去底部叶片。

❹ 插后浇透水。

❺ 插穗苗长至6~7片时盆栽。

一般保留5~7个分枝，疏除多余的细枝、弱枝。花后对过长的枝条加以短截。老株基部光秃时，需重剪更新或淘汰。

繁殖

播种：春秋季进行，15~20℃为发芽适温，播后15天发芽，春播苗第2年可开花。

病虫害

主要发生灰霉病和锈病。灰霉病用50%多菌灵可湿性粉剂1 000~1 500倍液喷洒；锈病用50%退菌特可湿性粉剂800~1 000倍液喷洒防治。虫害有蚜虫、红蜘蛛和白粉虱，可用25%噻嗪酮可湿性粉剂1 500倍液喷杀。

不败指南

倒挂金钟的枝叶夏天就枯萎了是怎么回事?

答：因为夏天的温度太高了，应注意给盆栽遮阴。倒挂金钟比较耐寒，但是怕高温和强光暴晒，气温超过25℃枝叶生长会受阻，35℃以上枝叶易枯萎死亡。

六月

百里香

Thymus vulgaris

〔别名〕千里香、地花椒、麝香草。

〔科属〕唇形科百里香属。

〔原产地〕地中海西部沿岸地区。

〔花期〕春夏季。

〔旺家花语〕有“吉祥如意”的花语。摆放在家中，可增添生活乐趣。

四季养护

喜凉爽、干燥和阳光充足的环境。适应性强，较耐寒，怕水涝。生长适温13~18℃，冬季耐-10℃低温。

全年花历

月份	浇水	施肥	病虫害	换盆/修剪
一月	浇水			
二月	浇水	施肥	病虫害	换盆、修剪
三月	浇水	施肥	病虫害	
四月	浇水	施肥	病虫害	
五月	浇水			
六月	浇水			换盆、修剪
七月	浇水			
八月	浇水	施肥		
九月	浇水	施肥		
十月	浇水	施肥		
十一月	浇水			
十二月	浇水			

选购

以植株紧凑、均匀，枝繁叶茂，叶片浓绿，无黄叶和枯萎掉叶，用手搓叶片有明显芳香者为佳。

选盆/换盆

常用直径15~20厘米的盆。每年春季或夏季花后换盆，换大一号花盆。

配土

盆栽可用园土、腐叶土和河沙的混合土。

摆放

适宜摆放在客厅、书房、阳台等光线明亮处，增添生活乐趣。

不经意间的一丝香，甚是醉人。

浇水/光照

春季植株生长初期要求水分较多，盆土保持湿润，最好在土壤未完全干燥之前浇水。夏季平时盆土保持偏湿，室内温度不宜过高。若生长在高温、阴湿和空气湿度大的环境中，则易导致植株生长不良，严重时萎蔫死亡。秋季放阳光充足处，适度浇水。冬季盆土不宜过湿，不能积水。

施肥

盆栽一般无需施肥，春秋季茎叶生长期可施少量缓效性肥料。

修剪

换盆时可剪除部分密枝、重叠枝和所有病枝。

繁殖

扦插：6月取嫩枝作插穗，以嫩绿带3~5节为佳，生根容易。分株：早春3月，在密集生长的株丛中，挖取带根带土的小株丛，切断横走的匍匐茎，直接分丛盆栽，浇透水后放于半阴处，易栽易活。播种：可先浇透盆土，将种子均匀撒上，播后5~7天发芽。待根系健壮后，再移至盆栽。

病虫害

春季空气湿度过高时，叶片易发生灰霉病危害，发病初期可用50%腐霉剂可湿性粉剂1 500倍液喷洒或50%百菌清粉尘剂喷洒防治。为了避免百里香长害虫，可与一些难长虫的花、香草一起种植。

不败指南

1 我种的百里香叶片变黄了，是什么原因？

答：百里香的适应性强，栽培也不难，但百里香“不怕干就怕湿”。叶片变黄的原因就是水浇多了，根部受损，结果地上部茎叶变黄，严重时萎蔫死亡。因此最好等土壤表面干燥发白时再充分浇水。

2 百里香如何采收，有什么功效？

答：百里香全草入药。在夏季生长盛期进行采收，全株拔起，洗净，剪去根部，切段，鲜用或晒干。剩下的根部，可用来继续繁殖栽培。在我国宁夏地区，当地人在端午节时采摘晾晒，待夏季来临后冲茶解渴。百里香具有抗菌、驱虫、祛痰、消毒的功用。将百里香茎叶捣烂外敷，可治疗肌肉疼痛。在欧洲，人们会用百里香作调料，有助于消化油腻食物，适合炖肉和煮汤时作调味品。

六月

色疑琼树倚，香似玉京来。

——和令狐相公咏栀子花 [唐]刘禹锡

栀子花

Gardenia jasminoides

〔别名〕山栀子、黄栀子。

〔科属〕茜草科栀子属。

〔原产地〕中国。

〔花期〕夏季至秋季。

〔旺家花语〕3月19日出生者的生日花。栀子花可以佩戴在胸前，飘散着优雅的清香，寓意着“吉祥幸福”。

四季养护

喜温暖、湿润和阳光充足的环境。较耐寒，耐修剪。生长适温18~25℃，冬季能耐-5℃低温。

全年花历

月份	浇水	施肥	病虫害	换盆 / 修剪
一月				
二月				
三月				
四月				
五月				
六月				
七月				
八月				
九月				
十月				
十一月				
十二月				

选购

家庭选购花枝，以花朵几乎完全开放，外围花瓣与茎的夹角勿超过90°为宜。盆花以选花蕾多，少数花朵已显色开放的为好。

选盆/换盆

常用直径12~25厘米的盆。每年春季换盆。

配土

以肥沃、疏松、排水良好的酸性土壤为宜，可使用培养土、泥炭土和沙的混合土，并加入10%腐熟饼肥或厩肥。

摆放

栀子花对二氧化硫、氯气和氟化氢等有害气体有较强的抗性，并可吸收空气中的硫，可放在厨房一角净化空气。

浇水/光照

春季生长期保持土壤湿润，充足光照。夏季进入花期后充分浇水。秋季空气干燥时向叶面喷水。冬季盆土保持湿润，适度光照。土壤快干透时浇透水。另外，北方水呈碱性，必须酸化后再浇水，也有花友用少量食醋调配。

施肥

每月施肥1次，开花前增施磷钾肥1~2次或用卉友21-7-7酸肥。盆栽每7~10天浇1次稀薄矾肥水。

修剪

早春即可修剪整形，剪去枯枝和徒长枝。花后适当修剪，压低株形，促使分株。

繁殖

扦插：北方多在5~6月进行，剪取成熟枝条，长10~12厘米，插后20~30天能生根。南方常在梅雨季节进行，剪取长15厘米嫩枝，插入沙床，插后10~12天生根。扦插后应保持盆土湿润。

病虫害

常发生斑枯病和黄化病危害，用65%代森锰锌可湿性粉剂600倍液喷洒，定期在浇水中加0.1%硫酸亚铁溶液，可防治黄化病。虫害有刺蛾、介壳虫和粉虱危害，用90%敌百虫1 000倍液或80%敌敌畏1 500倍液喷杀。

不败指南

1 为什么我买的栀子花一直不长?

答：买回的盆栽或苗株需放在阳光充足和通风的朝南窗台或庭院内。适当向植株的叶片喷水或喷雾，使之恢复生长。另外，如果是在碱性土壤中栽种栀子花，叶片会出现黄化现象，也会影响栀子花的生长和开花。

2 我种的栀子花最近叶子发黄了，是什么原因?

答：栀子花非常喜欢酸性土壤，土壤处于中性或偏碱性时，叶片会慢慢黄化，影响生长和开花。此时要施上稀薄的矾肥水，每7~10天1次，待叶片的颜色转绿时，再将施矾肥水的间隔时间适当拉长。

栀子花是典型的喜酸性土壤植物，在微酸性土壤中生长最茂盛。

富 贵 竹

Dracaena sanderiana var. *virens*

〔别名〕开运竹、万年竹。

〔科属〕龙舌兰科龙血树属。

〔原产地〕西非。

〔花期〕夏季。

〔旺家花语〕有富贵、吉祥的寓意，适宜赠送长辈，祝福他们永葆青春。宜送亲朋好友，祝贺他们财源滚滚。

四季养护

喜高温、多湿和阳光充足的环境。不耐寒，耐水湿，怕强光和干旱，耐修剪。生长适温25~30℃，冬季不低于10℃，低于5℃茎叶易受冻害。

全年花历

月份	浇水	施肥	病虫害	换盆 / 修剪
一月	💧		🐞	
二月	💧		🐞	🪴
三月	💧		🐞	🪴
四月	💧		🐞	🪴
五月	💧💦	肥	🐞	✂
六月	💧💦		🐞	✂
七月	💧💦	肥	🐞	✂
八月	💧		🐞	
九月	💧	肥	🐞	
十月	💧		🐞	
十一月	💧		🐞	
十二月	💧		🐞	

选购

选购盆栽时，以茎叶丰满、株形优美为宜。小型盆栽株高不超过30厘米，大型盆栽株高不超过60厘米。叶片完整、无缺损，无虫斑，深绿色，斑纹品种以纹理清晰者为好。切忌过高，因过高摆放不稳，容易倒伏。

选盆/换盆

盆栽或水培常用直径12~15厘米的盆。每年春季换盆。

配土

盆栽可用肥沃园土、腐叶土加少量沙的混合土。

摆放

点缀在卫生间、书房和餐厅，青翠宜人，会给人带来好心情。若摆放在宾馆、酒店、茶室等公共场所，显得和谐典雅，引人入胜。加工成“开运竹”，摆放在居室窗台，使人顿感清凉与舒适。

浇水/光照

春季早春气温不稳，注意保暖防寒，保持充足的散射光，盆土保持湿润。若是水培，则不能断水。盛夏注意遮阴，避开强光，以50%~70%的光照对生长最为有利。每天向叶面喷雾2~3次，增加空气湿度，避免叶片出现干枯。秋季天气转凉，减少浇水量，增加散射光。冬季保持室温在10℃以上，低于5℃易出现冻害，盆土保持稍干燥。

施肥

5~9月为生长期，每2个月施肥1次，用腐熟饼肥水或用“卉友”20-20-20通用肥。若施肥频率过高，茎叶生长迅速，反而影响株态。

修剪

盆栽或水培时若植株生长迅速，茎干过高，出现弯曲，显得凌乱无序，必须通过修剪、截顶来压低株形或者设支架进行绑扎。

富贵竹的水培

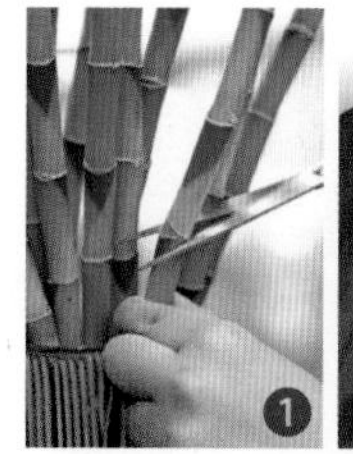

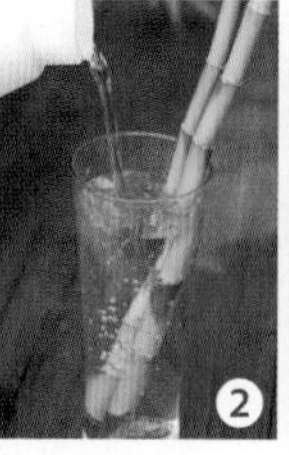

❶ 选取扦插枝，剪斜口。

❷ 将插枝放入盛水的容器中，定期加水和换水。

❸ 摆放在阴凉处以便生根。

繁殖

扦插：以6~7月梅雨季节进行最好。选取成熟、充实枝条，剪成长10~15厘米1段，插入沙床中，在室温25~30℃和较高的空气湿度下，20~25天可生根，2个月即可盆栽。水培：将顶端枝长20~25厘米的插条沿节间处剪下，摘掉基部部分叶片，直接插入清水中，每3~4天换1次水，约3周可生根，生根后，每周换1次水。

病虫害

发生叶斑病和茎腐病时，可用200单位农用链霉素粉剂1 000倍液喷洒。发现有蓟马和介壳虫危害时采用40%氧化乐果乳油1 000倍液喷杀。

不败指南

栽种的富贵竹长得太高了，超过1米，怎么办？

答：富贵竹在水肥充足和适宜的温度条件下，茎叶生长十分迅速。将过高的富贵竹在离盆面15厘米处截短，待重新萌发新枝，对剪下的部分再次进行扦插，这样一举两得，既压低了株形，又繁殖了新苗。

六月

被细丝分割的叶面，柔软而有力量。

网 纹 草

Fittonia verschaffeltii

〔别名〕网目草、费通花、银网叶。

〔科属〕爵床科网纹草属。

〔原产地〕秘鲁的热带雨林地区。

〔花期〕春末至初秋。

〔旺家花语〕处女座守护花，有“理性睿智”的花语。

四季养护

喜高温、多湿和半阴的环境。不耐寒、怕强光暴晒、耐阴。生长适温18~25℃，冬季不低于16℃，否则会引起落叶，甚至全株死亡。

全年花历

月份	浇水	施肥	病虫害	换盆 / 修剪
一月	💧	肥	🐞	✂
二月	💧	肥	🐞	🪴✂
三月	💧	肥	🐞	🪴✂
四月	💧		🐞	🪴✂
五月	💧喷雾		🐞	✂
六月	💧喷雾		🐞	✂
七月	💧喷雾		🐞	✂
八月	💧喷雾	肥	🐞	✂
九月	💧喷雾	肥	🐞	✂
十月	💧喷雾	肥	🐞	✂
十一月	💧	肥	🐞	✂
十二月	💧	肥	🐞	✂

选购

选购盆栽时，要求株形丰满，叶片繁茂、紧凑、无缺损，且大小均衡，叶色鲜艳，脉纹清晰，无病虫害或其他污斑。由于植株的叶片柔嫩，携带时需防止叶片挤伤。

选盆/换盆

常用直径12~15厘米的盆，每盆栽苗3~5株。每年春季换盆。

配土

盆栽以富含腐殖质的沙质土壤为宜，可用园土和泥炭土的混合土，也可用腐叶土和粗沙的混合土。

摆放

刚买回家的网纹草，适宜摆放在有纱帘的窗台或明亮居室的书桌，不宜放在太阳下以及热风或冷风吹袭的地方。

浇水/光照

初春注意防低温，补充散射光照，盆土保持湿润。盛夏高温时，可向植株周围喷雾，保持环境湿润，注意遮阴。秋季天气转凉时，及时将植株移入室内护养。空气干燥时，适当向叶片喷雾，有利于叶片生长，但夜间叶面不能滞留水分。冬季浇水要在中午前后，保持温度不低于16℃。

施肥

生长期每半月施肥1次，可选用腐熟稀释的饼肥水或“卉友”20–20–20通用肥。施肥时勿触及叶面，以免引起肥害。刚买回的网纹草，待长出新叶后可施1次薄肥。

修剪

通过不断摘心、修剪，保持优美的株形，并随时清除老叶和枯黄叶。栽培2年的老株，应重新扦插更新。

繁殖

扦插：春季采用茎插法进行，剪取匍匐茎的顶端枝条，长10厘米左右，留3~4个茎节，去除下部叶片，待茎节的剪口稍晾干后插入盛有河沙或泥炭的盆器中，保持室温20℃，插后2~3周生根。当盆栽植株老化、基部叶片黄化脱落时，应重新扦插新枝加以更新。分株：茎叶生长密集的植株，不少匍匐茎节上已长有不定根，只需在10厘米以上处带根剪下，直接盆栽。

网纹草换盆

❶ 当叶片开始凋落时进行换盆，剪除过长的茎。

❷ 脱盆后，去掉宿土，分割两半。

❸ 栽入湿润的新鲜水苔中。

病虫害

常有叶腐病和根腐病危害，叶腐病用25%多菌灵可湿性粉剂1 000倍液喷洒，根腐病用链霉素1 000倍液浸泡根部杀菌。虫害有介壳虫、红蜘蛛和蜗牛，介壳虫和红蜘蛛用40%氧化乐果乳油1 000倍液喷杀，蜗牛可捕捉或用灭螺丁诱杀。

不败指南

网纹草的叶片为什么卷曲了？

答：若是盆土和室内空气过于干燥，网纹草叶片就会卷曲、枯萎或脱落；如果浇水过多，盆土太湿，叶片同样会发生黄化、萎凋甚至腐烂死亡。

芦 荟

Aloe vera var. chinensis

〔别名〕油葱、龙角、象鼻莲。

〔科属〕百合科芦荟属。

〔原产地〕非洲东南部。

〔花期〕夏季。

〔旺家花语〕芦荟非常耐旱，十天半月不浇水仍郁郁葱葱，生机盎然，固有寓意“不受干扰”“洁身自爱”。宜赠女士，祝愿年轻貌美，永葆青春。

四季养护

喜温暖、干燥和阳光充足的环境。不耐寒，耐干旱和半阴。生长适温15~22℃，冬季不低于5℃。

全年花历

月份	浇水	施肥	病虫害	换盆 / 修剪
一月		肥	🐞	
二月	💧	肥	🐞	换盆 ✂
三月	💧	肥	🐞	换盆
四月	💧	肥	🐞	换盆
五月	💧	肥	🐞	
六月	💧	肥	🐞	
七月	💧	肥	🐞	
八月	💧 喷雾	肥	🐞	✂
九月	💧 喷雾	肥	🐞	
十月	💧 喷雾	肥	🐞	
十一月		肥	🐞	
十二月		肥	🐞	

选购

选购盆栽芦荟，以株形粗壮整齐，叶片肥厚、饱满，叶色青翠有光泽为宜。

选盆/换盆

常用直径12~15厘米的盆，每盆栽苗1株。每年春季换盆。

配土

盆栽可选腐叶土、培养土和沙的混合土，加少量骨粉和石灰质。

摆放

盆栽适合卫生间及书房点缀，既可观赏又能消除空气中的甲醛，并能吸附连吸尘器都难吸到的灰尘。

浇水/光照

春季生长旺盛期，盆土保持稍湿润，每周浇水1次。夏季盆土保持干燥，每月浇水1~2次。秋季空气干燥时，可向叶面喷水，盆土不宜过湿。冬季盆土保持干燥，放阳光充足处越冬，室温不低于5℃。

施肥

每半月施肥1次，可用“卉友”15-15-30盆花专用肥。

修剪

换盆时，剪除过长须根，植株长高时注意扶正。花后将花茎从基部剪除。

繁殖

分株：3~4月换盆时进行分株，将母株周围密生的幼株分开盆栽。若幼株带根少或无根，可先插于沙床，生根后再盆栽。分栽的幼株切忌栽植过深，以基部叶与盆土齐平即可。同时，栽植的幼株要居中，并将周围土壤轻压一下。栽好后适度浇水。扦插：初夏花后进行，剪取顶端短茎，长10~15厘米，剪下的顶端短茎待剪口晾干，1周后再插入沙床，浇水不宜多，插床保持稍湿即可，2~3周后生根。

病虫害

常见有炭疽病和灰霉病危害，用10%抗菌剂401醋酸溶液1 000倍液喷洒。如室内通风差，易受介壳虫危害，可用40%氧化乐果乳油1 000倍液喷杀。

不败指南

1 芦荟在冬季腐烂了是什么原因？

答：芦荟在0℃以下全株会受冻，导致腐烂死亡。因为芦荟不耐寒，怕潮湿，冬季温度不应低于5℃。切忌苗株栽植过深、浇水过多和休眠期空气湿度过大。刚栽植的幼株忌高温和水淋。

2 芦荟可以食用吗？

答：食用芦荟近年来十分盛行，许多国家都掀起了“食用芦荟热”。除了生产芦荟酒、芦荟果酱、芦荟糕点、芦荟饮料等以外，人们还把芦荟作为烹饪的材料，常见有芦荟炒牛肉、芦荟炒腰片、芦荟炒鸡蛋、芦荟生鱼片、芦荟羊肉汤、芦荟饺子等，成为时尚的菜肴。

夏季芦荟从顶端抽出橙黄色花序，亭亭玉立。

薰 衣 草

Lavandula angustifolia

〔花期〕夏季

七月

等 待 爱 情

〔别名〕黄香草

〔科属〕唇形科薰衣草属。

〔原产地〕地中海沿岸。

〔旺家花语〕处女座守护花，有“期待”“等待爱情”等花语。

四季养护

喜冬暖夏凉、湿润和阳光充足的环境。耐寒，耐干旱，怕高温高湿，不耐阴，忌积水。生长适温15~25℃，冬季不低于5℃。

全年花历

月份	浇水	施肥	病虫害	换盆/修剪
一月	💧	肥	🐞	
二月	💧	肥	🐞	🪴
三月	💧	肥	🐞	
四月	💧	肥	🐞	✂
五月	💧	肥	🐞	
六月	💧	肥	🐞	
七月	💧	肥	🐞	
八月	💧	肥	🐞	🪴 ✂
九月	💧	肥	🐞	
十月	💧	肥	🐞	
十一月	💧	肥	🐞	
十二月	💧	肥	🐞	

选购

购买盆栽薰衣草，要求植物健壮挺拔，枝繁叶茂，生长匀称，无黄化脱落叶片，叶绿色或浅绿色为佳。如果盆土疏松，部分叶片黄化，不要购买。

选盆/换盆

常用直径12~15厘米的陶盆或塑料盆。每年春季或花后换盆。

配土

地栽以肥沃、疏松、排水良好的土壤为宜，盆栽用肥沃园土、腐叶土和粗沙（1:2:3）的混合土。

摆放

入室后适合摆放在阳光充足的阳台、客厅、书房、窗台。

浇水/光照

春季每10天浇水1次，盆土保持稍干燥。夏季进入花期，盆土保持湿润，但不能过湿和积水，充足光照。如果夏季生长温度过高，反而不利于薰衣草的生长。秋末可将盆栽植株搬回室内养护，每周浇水1次，盆土保持微湿。冬季充足光照，减少浇水量，避免盆土长期处于潮湿的状态。

施肥

每月施肥1次，可用腐熟饼肥水或“卉友”20-20-20通用肥。生长期以氮、磷肥为主，少施钾肥。

修剪

盆栽苗株，通过2~3次摘心后达到矮生和枝繁叶茂的效果。

繁殖

播种：播种前用40℃温水浸泡种子24小时，发芽适温20~24℃，播后14~21天发芽。扦插：北方秋末剪取半成熟枝，沙藏，翌春扦插；南方可秋季扦插，插后5~6周生根。分株：春秋季将株丛密集的植株分开盆栽即可。

病虫害

常发生灰霉病危害，发病初期用75%百菌清可湿性粉剂800倍液或50%甲霜灵锰锌可湿性粉剂500倍液喷洒防治。

不败指南

1 修剪后的薰衣草为什么反而长得不好了？

答：这极有可能是修剪薰衣草时剪到木质化的部分，从而造成植株难于萌发新枝。因此修剪需根据植株的长势进行，生长过旺时重剪，剪去枝条的1/2；长势一般时疏剪，或剪去枝条的1/3。另外，修剪要避开高温，尽量在春末或初秋进行为好。

2 薰衣草的干花有什么作用？

答：薰衣草的花穗可以做干燥花和饰品，淡紫色、有香味的花和花蕾可以做香罐和香包。把干燥的花密封在袋子内便可做成香包，将香包放在衣柜内，可以使衣服带有清香，并且可以防止虫蛀。

薰衣草花序穗状顶生，叶片披针形或羽状分裂。

七月

黄金为瓣玉为丛，熻熻风萧露泥中。

写意秋英·万寿菊
[清]乾隆皇帝

万寿菊

Tagetes erecta

〔别名〕臭芙蓉、蜂窝菊。

〔科属〕菊科万寿菊属。

〔原产地〕墨西哥。

〔花期〕夏秋季。

〔旺家花语〕处女座守护花。名为“万寿”，对中国人来说非常吉利，寓意“万寿无疆”“长寿”。欧美人因其花色红黄，视为“艺术”与“高贵”的象征。

四季养护

多年生草本作一年生栽培。喜温暖、湿润和阳光充足的环境。不耐寒，耐干旱，怕高温。生长适温15~20℃，冬季不低于5℃。

全年花历

月份	浇水	施肥	病虫害	换盆/修剪
一月	💧	肥		
二月	💧	肥		
三月	💧	肥		
四月	💧	肥	🐛	
五月	💧	肥	🐛	
六月	💧	肥	🐛	
七月	💧	肥	🐛	
八月	💧	肥	🐛	✂
九月	💧	肥	🐛	
十月	💧	肥		
十一月	💧	肥		
十二月	💧	肥		

选购

选购万寿菊时，要求植株矮壮，株高不超过30厘米，分枝多，节间短，叶片灰绿色；花蕾多，部分已初开，花瓣完整，花色鲜艳明亮者为宜。切花以花朵完全开放为好。

选盆/换盆

幼苗5~7片叶时，常用直径10~12厘米的盆，每盆栽苗3株。无需换盆，翌年重新播种。

配土

盆栽可用肥沃园土、腐叶土和沙的混合土。

摆放

矮生种用于盆栽，点缀在儿童房或老年人房间的窗台等处，嫩绿有光，鲜黄夺目。高秆种用于庭园作花篱，郁郁葱葱，鲜明艳丽，异常新奇。花梗长的品种可用于切花观赏。

浇水/光照

春季充足光照，每周浇水2次，盆土保持湿润。夏季每周浇水2~3次，忌喷淋到花朵上。秋季长江流域地区，开花减少，每周浇水2~3次。冬季南方地区盆栽植株开始开花，每周浇水2次。

施肥

每半月施肥1次，用腐熟饼肥水或“卉友”20-20-20通用肥。开花前增施1次磷钾肥。

修剪

为了控制株高，在摘心后2周，用0.05%~0.1%B-9液喷洒2~3次，每旬1次；夏秋季若植株过高时，可重剪促使基部重新萌发侧枝再开花。

繁殖

播种：在3~4月进行为宜。发芽适温为19~21℃，播后7~9天发芽。早花种从播种至开花约需60天，大花球状种从播种到开花需80天左右。

病虫害

常见叶斑病、锈病、茎腐病危害，可用50%托布津可湿性粉剂500倍液喷洒。虫害有盲蝽、叶蝉和红蜘蛛危害，用50%敌敌畏乳油1 000倍液喷杀。

不败指南

1 万寿菊开花变少了是怎么回事?

答：万寿菊怕高温和水涝，尤其是高温多湿时，植株徒长，茎叶松散，开花减少，水涝导致萎蔫死亡。光照不足时，茎叶柔软细长，开花少而小。

2 万寿菊能吃吗?

答：不少国家的居民喜欢吃万寿菊鲜花或用万寿菊作为菜的佐料。高加索的山民在酿酒、制奶酪、煮羊肉汤、烧鱼时都要加入万寿菊，还将万寿菊摘下洗净晾干，裹上面粉油炸食用。当地人几乎每餐都吃万寿菊。万寿菊还可入药，具有平肝清热、祛风化痰的功用。

波浪状边缘的花瓣，鲜黄夺目，形似蜂巢，因此又叫蜂窝菊。

可曾沾雨露，不改向阳心。
——《葵》[南宋]刘克庄

观赏向日葵

Helianthus annuus

〔别名〕美丽向日葵、向日葵。

〔科属〕菊科向日葵属。

〔原产地〕北美。

〔花期〕夏秋季。

〔旺家花语〕向日葵随着太阳转动，因此有“太阳”的花语，寓意“忠诚”和“追求光明”。金黄色的向日葵宜赠恋人，但只可赠1枝，切忌送1束。

四季养护

一年生草本。喜温暖、稍干燥和阳光充足的环境。适应性强，耐干旱，不耐水湿。生长适温白天为21~27℃，夜间为10~16℃，温差在8~10℃对茎叶生长有利。

全年花历

月份	浇水	施肥	病虫害	换盆 / 修剪
一月	💧	肥	🐞	
二月	💧	肥	🐞	
三月	💧	肥	🐞	
四月	💧	肥	🐞	
五月	💧	肥	🐞	
六月	💧	肥	🐞	✂
七月	💧	肥	🐞	
八月	💧	肥	🐞	
九月	💧	肥	🐞	
十月	💧	肥	🐞	
十一月	💧	肥	🐞	
十二月	💧	肥	🐞	

选购

在盆栽或切花的选购上，以花朵几乎完全开放为宜。在水中加保鲜剂的瓶插寿命为7~10天。大花种不适合家养，选择小花种和重瓣花种看起来更活泼动人。

选盆/换盆

常用直径10~15厘米的盆。无需换盆，翌年重新播种。

配土

盆栽以疏松、肥沃的土壤为宜，可用培养土、腐叶土和粗沙的混合土。

摆放

观赏向日葵小花种典雅动人，重瓣活泼可爱。适宜摆放在阳光充足的窗台、阳台或庭园。

浇水/光照

春季生长期不宜浇水过多，每3天浇水1次。夏季应保证盆栽植株充分光照。初夏温度高、水分蒸发得较多时，增加对盆栽植株的浇水量，盆土保持湿润，切忌向花盘上淋水。盆内不能积水，以免导致基部叶片黄化。秋季盆土保持稍干燥，控制浇水量。冬季摆放在温暖、充足阳光处，减少浇水量，适度光照。

施肥

生长期每10天施肥1次，用“卉友”15-15-30盆花专用肥。观赏向日葵生长速度较快，所需肥量较大，对于花蕾形成后的植株来说，仅施用底肥及种肥远远不能满足其对营养的需求，因此还应在合适的时间对盆栽植株追施肥料。刚播种的新苗不宜施肥过多，以防止花头过大、茎干太粗。

修剪

盆花栽培不分枝，以单花为好；花坛观赏，可摘心1次，分枝可产生4~5朵花。

如何更长时间地享受开花的乐趣

花期只有10天左右，繁殖时，每隔10天左右播种1次，可以连续赏花。

从现蕾期至开花初期，需要进行2~3次打杈，直到把所有分枝及侧枝除干净。

繁殖

播种：全年均可播种，通常在2~8月播种，以穴播为主，每克种子25~40粒，种子大，发芽适温为20~22℃，播后7~10天发芽。盆栽矮生种从播种至开花只需50~60天，切花品种需70~80天。重瓣向日葵不易结实，在开花时需人工授粉，提高结实率。

病虫害

常有白粉病和黑斑病，发病初期用50%多菌灵可湿性粉剂600倍液喷洒。虫害有盲蝽和红蜘蛛，可用40%氧化乐果乳油1 000倍液喷杀。

不败指南

观赏向日葵为什么叶片下垂了，花盘不整齐？

答：如果光照不够充足就会出现叶片下垂、花盘不整齐、茎干不挺拔等诸如此类的症状。此外，盆栽植株遇高温、阴雨或光照不足时会影响叶片、花盘生长发育。因此养护观赏向日葵，一定要让它每天都见见太阳，保证阳光充足，并及时给它降温补水。

百合

Lilium spp.

〔别名〕杂种百合。

〔科属〕百合科百合属。

〔原产地〕中国、日本、北美和欧洲等地区。

〔花期〕夏季。

〔旺家花语〕巨蟹座守护花。西方人把百合视为圣洁的象征。我国把具有团结友好之意的百合视为吉祥之物。

四季养护

喜温暖、湿润和阳光充足的环境。不耐严寒，怕高温多湿，忌积水，耐半阴。生长适温15~25℃，冬季温度不低于0℃。

全年花历

月份	浇水	施肥	病虫害	换盆/修剪
一月			🐞	
二月	💧		🐞	
三月	💧		🐞	
四月	💧	肥	🐞	
五月	💧	肥	🐞	
六月	💧	肥	🐞	
七月	💧	肥	🐞	
八月	💧		🐞	✂
九月	💧	肥	🐞	
十月			🐞	
十一月			🐞	
十二月			🐞	

选购

选购盆栽时，要求植株健壮，叶片披针形，亮绿色，花茎粗壮，花大漏斗状，朝上开放；鳞茎以球形、白色、饱满、周径在12厘米以上者为好。选购切花，以第1朵花蕾完全显色、但未开放时最好。

选盆/换盆

常用直径15~20厘米的深筒盆，每盆栽3个鳞茎，栽植深度2~3厘米。

配土

盆栽可用腐叶土、泥炭土和粗沙的混合土，加少量腐熟饼肥屑和骨粉。

摆放

百合盆花或切花装点居室，宜放空气流通的门厅、客厅、阳台或窗台，用量要适当，最好选择剪去雄蕊的花朵。对乙烯敏感，水果释放的乙烯易使百合花朵提早凋谢。

浇水/光照

春季生长期每周浇水1次，盆土保持湿润。切忌盆土过湿，以免导致鳞茎腐烂。栽种初期多浇水，待长出叶后逐步减少浇水量。夏季鳞茎出芽后，应保证充足光照，以免光线不足，导致顶芽出现黄化，引起花蕾脱落。盆土保持湿润，不能积水。秋季花后逐渐减少浇水，待土壤以上部分枯萎后停止浇水，盆土保持干燥。冬季室温控制在15℃左右，露出新芽后搬至有散射光的地方，室温提高到20℃左右，可使百合在冬末开花。

施肥

基肥用充分腐熟的少量骨粉及草木灰混合而成。通常在春季开始生长时不施肥，待根系长出后开始施肥，每15~20天追施1次300倍氮磷钾复合稀释肥液，花期可增施钙、钾肥。一般情况来说，生长期和现蕾期各施肥1次。

修剪

为使鳞茎充实，开花后要及时剪去残花，以减少养分消耗。待茎叶枯黄凋萎后，剪除地上部分。

繁殖

分株：通常在老鳞茎的茎节上长有一些小鳞茎，可把这些小鳞茎分离下来，于春季上盆栽种为宜。培养1~2年后成为种鳞茎。

病虫害

主要有黑斑病、灰霉病、枯萎病。发病前，定期喷洒50%多菌灵可湿性粉剂800倍液预防。虫害主要有蛴螬和线虫，可用90%敌百虫原药1500倍液浇灌。

不败指南

为什么百合花的花瓣腐烂了？

答：开花时不能向花朵上喷水，否则会造成花瓣受花粉污染而发生腐烂。室内干燥时，可适当地向叶片喷雾，而不要直接向花朵上喷水。

盆栽百合开花时，应以细棍绑住支撑花枝，以免出现倒伏。

金 琥

Echinocactus grusonii

〔别名〕象牙球、无极球。

〔科属〕仙人掌科金琥属。

〔原产地〕墨西哥中部。

〔花期〕夏季。

〔旺家花语〕象征“顽强的生命”，适合赠送给长期接触电脑的亲友。

四季养护

喜温暖、干燥和阳光充足的环境。不耐寒，耐干旱，怕水湿和强光。生长适温白天为13~24℃，晚间10~13℃，冬季温度不低于8℃。

全年花历

月份	浇水	施肥	病虫害	换盆 / 修剪
一月		肥	🐞	
二月	💧	肥	🐞	🪴✂
三月	💧	肥	🐞	🪴✂
四月	💧	肥	🐞	
五月	💧		🐞	
六月	💧🧴		🐞	
七月	💧🧴		🐞	
八月	💧	肥	🐞	
九月	💧	肥	🐞	
十月	💧	肥	🐞	
十一月		肥	🐞	
十二月		肥	🐞	

选购

选购盆栽金琥时，要求棱脊多，刺座大；刺密集，金黄色，新鲜、光亮；球面亮绿色，斑锦品种镶嵌黄白色斑块者更佳；无缺损，无病虫害，无老化症状。

选盆/换盆

常用直径12~40厘米的盆。每2年春季换盆1次。

配土

盆栽可用肥沃园土、腐叶土和粗沙的混合土，加少量盆花专用肥。

摆放

点缀书房，活泼自然，别有意趣。

浇水/光照

春季每2周浇水1次，盆土保持稍湿润，充足光照，注意通风。夏季开花期每周浇水1次，浇水时不要淋湿球体。充足光照，避免阳光长时间暴晒。空气干燥时，向周围喷水或喷雾，以增加空气湿度，这对金琥的生长十分有利。秋季适度光照，及时通风，盆土保持稍干燥。冬季注意防寒，盆土保持干燥，停止浇水。摆放在温暖阳光处，保持室温不低于8℃。

金琥的换盆过程

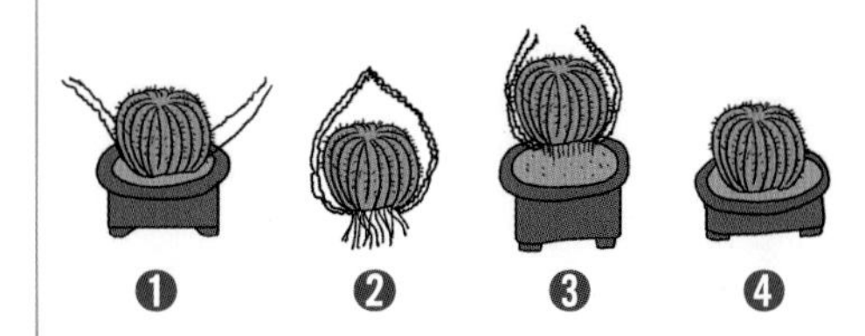

❶ 用绳索勒紧球体基部，并勒紧。

❷ 加力向上提拉将球体脱离盆器。

❸ 将修剪根系后的金琥，居中栽植在新盆器中。

❹ 放至半阴处恢复即可。

施肥

生长期每月施肥1次，用腐熟饼肥水或“卉友”15-15-30盆花专用肥。

修剪

如果球体旁生小球，应及时剥下盆栽或嫁接，以免影响母球生长。换盆时，将过长的根系修剪掉，有利于金琥更好生长。金琥品种繁多，以狂刺、无刺者为良种，以茎部带锦和缀化者为精品，谨防假冒的“染色金琥”。

繁殖

播种：30年生母球才能开花结种，播后覆薄土，发芽适温20~24℃，播后20~25天发芽，种子发芽率高，幼苗生长较快。扦插：生长期切除球体顶部，可刺激球口边缘产生子球。待子球长到1~2厘米径粗时，切下插于沙床中，20~30天生根后盆栽。嫁接：5~7月进行，以量天尺为砧木，用实生苗或截顶萌生子球作接穗，接后3~4周可愈合成活。嫁接球生长迅速，长大时又可切取落地盆栽。金琥也可水培，先将球体托出，去除沙土，清洗根系后，将根系一半浸入水中。

病虫害

有时发生焦灼病，可用50%多菌灵可湿性粉剂600倍液喷洒防治。虫害有红蜘蛛和介壳虫，可用50%杀螟松乳油1000倍液喷杀。

不败指南

金琥的刺颜色为什么变暗、变黑了？

答：大多是因为光照不足。金琥是喜光植物，但盛夏高温遇强光时，需要拉上纱帘遮阴，但若长期遮阴，就会造成植株光照不足。因此夏季养护时需注意，遮阴的时间不能太长，以免影响刺的颜色，严重时导致球体变长。

宝莲花

Medinilla magnifica

〔别名〕酸脚姜。

〔科属〕野牡丹科酸脚姜属。

〔原产地〕菲律宾。

〔花期〕春夏季。

〔旺家花语〕宝莲花株形优美，花团锦簇，婀娜多姿，表现出艳美、华贵之感，用它馈赠亲朋好友，象征着品位高贵典雅和别致新奇，将会令友人感动与难忘。

四季养护

喜高温、湿润和阳光充足的环境。不耐寒，耐半阴，怕烈日暴晒，不耐干旱和水湿。生长适温22~28℃，冬季不低于16℃。春末夏初开花期如室温过高，易引起落花。

全年花历

月份	浇水	施肥	病虫害	换盆 / 修剪
一月		肥		
二月		肥		
三月		肥		
四月		肥		
五月		肥		
六月		肥		
七月		肥		
八月		肥		
九月		肥		
十月		肥		
十一月		肥		
十二月		肥		

选购

盆栽要求植株圆整，叶片完整，深绿色，着生3~5个大花序，其中有1个花序已下垂、展开，并露出部分小花。

选盆/换盆

盆栽用直径20~25厘米的深盆（深30~40厘米），每盆栽苗1~3株。每2年换盆1次，以早春进行最好。去掉宿土，增加肥沃、排水好的腐叶土，换盆后适当遮阴，以利植株恢复。

配土

盆栽常用腐叶土、培养土、河沙或蛭石的混合土。

花开如宝塔，婀娜别致。

摆放

盆栽植株需摆放在阳光充足的朝南窗台、阳台或明亮的客厅，可使室内空间线条变得柔和丰满。

浇水/光照

生长期保持盆土湿润。同时，要避开强光暴晒，否则会灼伤叶片和花苞。夏季每天浇水1次，盛夏需向叶面喷雾，空气湿度保持70%~80%，有利于花苞的形成和开花。冬季盆栽需摆放在阳光充足处，减少浇水量，盆土保持稍干燥。

施肥

每月施肥1次，形成花蕾后增施1~2次磷钾肥或用“卉友”20-20-20通用肥。

修剪

成年植株花枝大而下垂，可加以绑扎，使枝叶聚集，花姿优美。花后宜立即剪除花序，减少养分消耗，有利于新枝的萌发，并修剪过长的花枝，使株形圆整优美。

繁殖

扦插：春季剪取嫩枝扦插，夏季用半成熟枝扦插，插穗长8~10厘米，插后20~25天愈合生根，当年可移栽上盆。

病虫害

有时发生叶斑病和茎腐病危害，发病初期用75%百菌清可湿性粉剂800倍液喷洒。虫害有红蜘蛛、介壳虫和粉虱，发生时，红蜘蛛用40%三氯杀螨醇乳油1 000倍液喷杀；介壳虫和粉虱用25%噻嗪酮可湿性粉剂1 500倍液喷杀。

不败指南

1 去年春节朋友送我一盆2~3个花枝的宝莲花，今年春节怎么不见花了？

答：宝莲花是生长在热带雨林中的花灌木，喜欢高温多湿环境，如果在养护过程中达不到上述条件，长好枝叶、形成花苞就十分困难。同时，开花过程中随时剪除凋谢花序，花后剪去已开过花的花枝的一半，促使萌发新花枝，才能继续开花。

2 宝莲花刚刚进入花期就开始落花是什么原因？

答：春末夏初开花期，室温切忌过高，否则易引起落花。要避开强光长时间暴晒，否则会灼伤叶片和导致花苞脱落。生长过程中切忌盆土时干时湿，或者盆土过湿或过干都会造成落蕾落花现象。

粉红色花序下垂，叶片宽大舒展，是野牡丹科中最豪华美丽的品种。

碰碰香

Plectranthus hadiensis var. tomentosus

〔别名〕绒毛香茶菜。

〔科属〕唇形科香茶菜属。

〔原产地〕非洲东南部。

〔花期〕夏季。

〔旺家花语〕有“幸福”“吉祥如意”等花语，寓意“家庭和睦与兴旺”。

四季养护

喜温暖、湿润和阳光充足的环境。怕寒冷，不耐水湿。生长适温10~25℃，冬季温度不低于10℃。

全年花历

月份	浇水	施肥	病虫害	换盆 / 修剪
一月	💧			✂
二月	💧			🪴 ✂
三月	💧			✂
四月	💧	肥		✂
五月	💧	肥		✂
六月	💧	肥		✂
七月	💧	肥		✂
八月	💧	肥		✂
九月	💧	肥		✂
十月	💧	肥		✂
十一月	💧			✂
十二月	💧			✂

选购

选购碰碰香要求株形紧凑、矮壮，叶片灰绿色，密生茸毛，叶面无缺损，触摸时有明显芳香为好。

选盆/换盆

常用直径15~20厘米的塑料盆或陶盆，每盆栽苗3株。每年春季换盆。

配土

盆栽可用肥沃园土、泥炭土和腐叶土（4:3:3）的混合土。

摆放

碰碰香可作几案、书桌的点缀，其株形优雅，淡淡的香气可缓解疲劳。

浇水/光照

春季盆土保持湿润。夏季生长期盆面干透后浇水，但不能积水，充足光照。秋季同夏季。冬季减少浇水，保持温度在10℃以上。

施肥

4~10月每月施肥1次，用腐熟饼肥水或“花宝”5号复合肥。

修剪

因碰碰香极易分枝，以水平面生长，所以定植时株行距宜宽，才能使枝叶舒展。播种苗长至8~10厘米时摘心，扦插苗12~15厘米高时打顶。平时剪除基部黄叶、枯叶。

繁殖

播种：种子成熟后即采即播，播后盖一层薄土，稍压实，及时浇水。发芽适温19~24℃，播后7~10天发芽。扦插：全年均可进行，以春末最好，剪取顶端嫩枝，长10厘米左右，插入泥炭土中，插后4~5天生根，一周后可移栽上盆。水培：在春季换盆时，将碰碰香从盆中脱出，清洗干净根系，注意不要伤根，放置于水培容器中，注满水后，可以放入少许小石头轻压根系。

病虫害

很少发生病虫害，在土壤过湿、空气湿度过大或叶片上滞留水分时，易发生植株枯萎死亡，浇水时不要喷湿叶面，也不要过量。

不败指南

1 碰碰香为什么茎干变得柔软，叶片也枯了？

答：该情况主要因未浇“透”水所致，此时可将整个花盆浸置水中，取出后待其慢慢排水。生长期每月浸水1~2次。进入冬季后，将盆栽植株搬进室内阳光充足处养护，做到“见干则浇，浇则浇透”，盆土保持稍干燥，有助于碰碰香过冬。

2 为什么我的碰碰香叶子变薄变扁了？

答：碰碰香喜欢阳光充足的环境，强光下肉质叶片才会厚实，如果光照不足，叶子会变扁而薄。此时可以将碰碰香摆放到阳光充足的地方，不过要避开强光直射，可放朝西南的窗台。

充足光照下，碰碰香的叶片才会肥厚饱满。

迷迭香

Rosmarinus officinalis

〔别名〕艾菊、海水之露。

〔科属〕唇形科迷迭香属。

〔原产地〕地中海沿岸地区。

〔花期〕春夏季。

〔旺家花语〕“爱情、忠贞和友谊”的象征，其花语可解读为“回忆”“记得我”等。适合赠送朋友、爱人，寓意“友情、爱情的永恒”。

随回风以摇动兮，吐芬气之穆清。

——迷迭香赋 [魏]曹丕

四季养护

喜温暖、干燥和阳光充足的环境。较耐寒，耐高温和半阴，忌水湿。生长适温15~30℃，冬季不低于−5℃。

全年花历

月份	浇水	施肥	病虫害	换盆/修剪
一月				
二月	💧	肥		🪴
三月	💧	肥		
四月	💧	肥		
五月	💧	肥		
六月	💧	肥		
七月	💧	肥		✂
八月	💧	肥		✂
九月	💧	肥		✂
十月	💧	肥		✂
十一月				
十二月				

选购

以植株健壮，枝叶繁茂，摸之便能闻到香气的为好。

选盆/换盆

常用直径20~25厘米的陶盆或塑料盆。每年春季换盆。

配土

盆栽可用肥沃园土、腐叶土和沙的混合土。

摆放

适合摆放在客厅、书房等光线明亮和通风透气处，也适宜摆放在餐厅，营造轻松舒适的进餐环境。

浇水/光照

春季生长期盆土保持干燥，浇水不宜多。若盆土过湿，容易导致茎叶发黄，根系腐烂甚至全株枯萎。需及时排水，疏松土壤，排出湿气，放凉爽通风处养护。夏季盆土干了再浇水，充足光照，及时遮阴。秋季适度光照。冬季盆土保持干燥，室温在8℃以上即可。

施肥

生长期每月施肥1次，花期前增施1~2次磷钾肥，冬季停止施肥。

修剪

修剪直立的品种很容易长得很高，在种植后开始生长时要剪去顶端，侧芽萌发后再剪2~3次，这样植株才会低矮整齐。植株生长快，盆栽后可进行多次摘心，不仅能控制株高，而且能促进分枝萌发，使株形丰满。

繁殖

播种：春季室内盆播，发芽适温18~21℃，播后10~18天发芽。扦插：可在春秋季节，剪取半成熟枝，长10~12厘米。扦插前将插条浸在水中2~3小时，充分吸水后插于沙床。在室温16~20℃下，3~4周便可生根，生根2周后可盆栽。

病虫害

有时土壤湿度过大，容易遭受真菌危害，栽培时注意雨后及时排水。湿热天气，植物易生真菌，导致叶片枯黄，需加强通风，发病初期用50%多菌灵可湿性粉剂800倍液喷洒防治。

不败指南

1 家里养迷迭香为什么一到夏天就死了？

答：迷迭香在夏天容易死亡，往往是因为盆土排水不畅或地栽积水。解决的办法很简单，盆栽土壤要透气疏松，排水好，同时盆底不能贴地，让多余水分从底孔排出。在雨水多的地区，地栽选择高燥的地方，开排水沟，土壤要疏松。

2 晒干的迷迭香有什么用途？

答：可以制成迷迭香茶，迷迭香茶拥有能令人头脑清醒的香味，能增强脑部的功能，可改善头痛，需要大量记忆知识的学生不妨多饮用迷迭香茶。用迷迭香的干燥枝叶还能做成香枕、香袋，有提神安眠的功效。

枝叶繁茂，叶片饱满浓绿，摸之便能闻到香味的迷迭香最适合购买。

空山新雨后，天气晚来秋。

明月松间照，清泉石上流。

竹喧归浣女，莲动下渔舟。

随意春芳歇，王孙自可留。

——《山居秋暝》【唐】王维

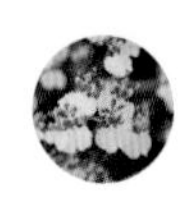

第四章

秋季一养就活的花草

Qiu Ji Yi Yang Jiu Huo De Hua Cao

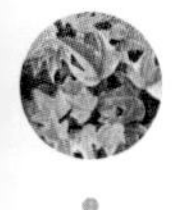

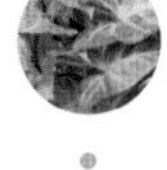
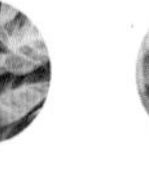

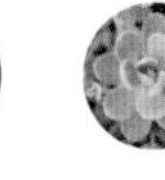

文 心 兰

Oncidium spp.

〔花期〕全年

八月

美 丽 活 泼

〔别名〕金蝶兰

〔科属〕兰科文心兰属。

〔原产地〕美国、墨西哥和秘鲁。

〔旺家花语〕射手座守护花。适合赠送女友和制作新娘捧花。

四季养护

喜温暖、湿润和半阴的环境。不耐寒，耐半阴，怕干燥和强光暴晒。生长适温12~23℃，冬季不低于8℃。空气湿度50%~60%，夏季遮光30%~50%。

全年花历

月份	浇水	施肥	病虫害	换盆 / 修剪
一月				
二月	💧			
三月	💧	肥		
四月	💧	肥		🪴✂
五月	💧	肥	🐞	🪴✂
六月	💧	肥	🐞	
七月	💧	肥	🐞	
八月	💧	肥		
九月	💧	肥		
十月	💧	肥		
十一月	💧			
十二月				

选购

一是要选择分枝多、香气好、花量大的品种。二是要选择不同季节开花的种类，进行品种搭配。三是购买兰株要注意季节，若冬季买，必须选择接近满开状的盆花。

选盆/换盆

常用直径15厘米的盆，也可用蕨板、蕨柱或椰子壳。结合分株换盆。

配土

盆栽以透水性好和通气性强的土壤为宜，可用树蕨块、苔藓和沙的混合土，也可用树皮块和碎砖块或山石的混合土。

摆放

盆栽文心兰宜摆放在卧室窗台、阳台，犹如一群舞女舒展长袖在绿丛中翩翩起舞，欣赏起来真是妙趣横生。

浇水/光照

春季开花品种放阳光充足处，待盆内水苔干燥后浇水，使盆土干湿交替，以促进根部生长。夏季放半阴处，盆土保持干燥。夏季开花品种室外养护，每2天浇水1次。秋季放室内散射光照处，增加浇水量。秋季开花品种室内养护，每周浇水2~3次。冬季进入半休眠状态，盆土保持稍干燥。温度低于10℃时，停止浇水。冬季开花品种放阳光充足处，盆土保持湿润，干燥时晴天上午给叶面喷水。

施肥

3~10月是新芽生长期和花蕾发育期，每半月施肥1次，可用3号“花宝”复合肥的3 000倍稀释液。同时，每半月还可用“叶面宝”的4 000倍稀释液喷洒叶面加以补充。

修剪

夏季开花品种，花后从基部剪除花茎。开花前从假鳞茎内侧抽出的花茎伸长到30~40厘米时，需用兰花专用支柱进行绑扎支撑，防止倒伏。

文心兰分株繁殖

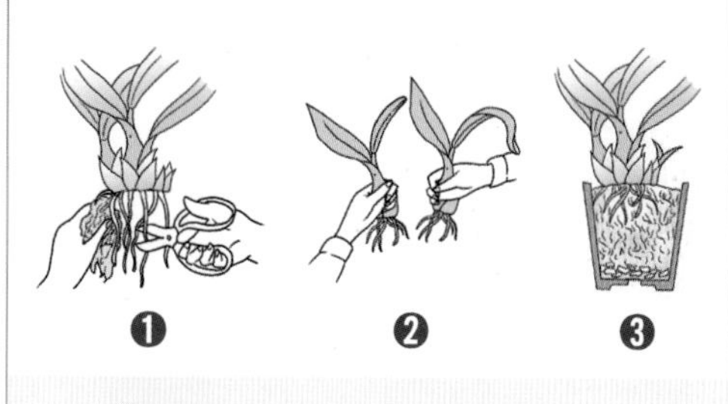

❶ 剪除枯萎、衰老根系。

❷ 把带2个芽的假鳞茎分开。

❸ 直接栽植在盛水苔的盆内。

繁殖

分株：春秋季进行，常在4月下旬至5月中旬新芽萌发前结合换盆分株。将长满盆器的兰株挖出，去除根部的旧水苔，剪除枯萎的衰老假鳞茎，把带2个芽的假鳞茎剪下分株。直接栽植在盛水苔的箱内。盆栽时，给新芽生长留出空间，栽后先放半阴处，1~2周后再浇水。

病虫害

常见黑斑病、软腐病和锈病危害。发病初期分别用75%百菌清可湿性粉剂1 000倍液、50%多菌灵可湿性粉剂500倍液和20%三唑酮可湿性粉剂1 500倍液喷洒。虫害有介壳虫和红蜘蛛，发生时分别用40%氧化乐果乳油1 000倍液和2%农螨丹1 000倍液喷杀。

不败指南

文心兰的花蕾为什么枯黄了？

答：花期水分不足，花蕾很容易败育、枯黄和脱落。因此花期养护文心兰最好每2天浇水1次，适当向叶面多喷水，以增加空气湿度。

八月

冰雪为容玉作胎，柔情合傍琐窗隈。

末丽词 [清]王士禄

茉 莉

Jasminum sambac

〔别名〕爱之花、母亲花。

〔科属〕木樨（xī）科茉莉属。

〔原产地〕亚洲热带。

〔花期〕夏秋季。

〔旺家花语〕是“爱情”“友谊”的象征，适合配红月季作新娘捧花、赠心地纯洁的女友、探望病人等。但是不宜赠香港人，因在我国香港地区茉莉与“没利”谐音。

四季养护

喜温暖、湿润和阳光充足的环境。不耐寒，耐高温，怕干旱，喜强光。生长适温25~35℃，冬季温度不低于5℃。

全年花历

月份	浇水	施肥	病虫害	换盆 / 修剪
一月	💧	肥		
二月	💧	肥	🐞	
三月	💧	肥	🐞	🪴
四月	💧	肥	🐞	🪴
五月	💧 🚿	肥	🐞	
六月	💧 🚿	肥	🐞	
七月	💧 🚿	肥	🐞	
八月	💧	肥	🐞	
九月	💧	肥	🐞	
十月	💧	肥	🐞	🪴
十一月	💧	肥		✂
十二月	💧	肥		

选购

以植株矮壮，枝条密集，叶片深绿，无黄叶，花枝多，花苞多，部分开花，花朵大而饱满者为佳。重瓣品种更好。

选盆/换盆

常用直径15~20厘米的盆。每年春季或花后换盆。

配土

盆栽可用园土和砻（lóng）糠灰或园土、蛭石、腐叶土的酸性混合土。

摆放

盆栽养护宜在阳台，花时点缀在卧室、书房、餐厅等，清香宜人，降压安神。

浇水/光照

春季充足光照，每2~3天浇水1次，注意通风。夏季早晚浇水，并给枝叶适当喷水，多晒太阳。秋季盆土保持湿润。冬季保持室温在10℃以上，减少浇水，土壤以湿润偏干为宜。茉莉是喜光花卉，充足的光照可以使茉莉花开得更好。若光照强，则叶色浓绿，枝条粗壮，开花多，着色好，香气浓；若光照差，则叶片颜色淡，枝条细弱，着花少而小，香气差。

施肥

生长期每周施肥1次或用“卉友”21-7-7酸肥。孕蕾初期，在傍晚用0.2%尿素液喷洒，促进花蕾发育。

修剪

换盆后需摘心整形，盛花期后需重剪更新，促使萌发新枝。

繁殖

扦插：4~10月均可进行，以夏季生根最快。剪取成熟的1年生枝条，长8~10厘米，去除下部叶片，插于沙床，插后60天生根。压条：选取较长的枝条，在离枝顶15厘米处的节下部轻轻刻伤，埋入沙、土各半的盆内，保持湿润，2~3周生根，2个月后与母株剪离，单独盆栽。

病虫害

常发生叶枯病、枯枝病和白绢病，可用70%代森锰锌可湿性粉剂600倍液喷洒。虫害有卷叶蛾、红蜘蛛和介壳虫，可用50%杀螟松乳油1 000倍液喷杀。

不败指南

1 如何能使茉莉开得多、香气浓？

答：茉莉是喜光耐肥的花卉，花谚常说：“晒不死的茉莉”，光照充足则枝叶茂盛，花开香浓。花谚又道：“修枝要狠，开花才稳”，说明修剪措施很重要。当然，充足的肥水也必须跟上。

2 茉莉有什么功效？

答：居室中放1~2盆茉莉，有助缓解高血压、呼吸系统疾病和神经衰弱等患者的病情。茉莉的香气还有提神醒脑的作用。

茉莉的花、叶和根均可入药。《本草纲目》记载：茉莉辛热无毒，可蒸油取液，作面脂光泽，长发润燥香肌。不过茉莉根有毒，应在医生指导下服用，孕妇和儿童忌服。

此外，茉莉可做用于药膳、做菜烩汤，制作化妆护肤用品等。

茉莉对温度较敏感，25℃以上才会孕育花蕾，正常开花。

观赏辣椒

Capsicum annuum

〔别名〕五彩辣椒。

〔科属〕茄科辣椒属。

〔原产地〕中国。

〔果期〕秋冬季。

〔旺家花语〕有"引人注目"的花语，果实颜色变化神奇。挂果累累的盆栽观赏辣椒，送给西南籍的老乡，显得格外真诚和亲切。

四季养护

喜温暖、湿润和阳光充足的环境。生长适温21~25℃，超过30℃生长减缓，开花结果少，低于10℃停止生长。

全年花历

月份	浇水	施肥	病虫害	换盆 / 修剪
一月	💧		🐞	
二月	💧		🐞	
三月	💧		🐞	
四月	💧	肥	🐞	
五月	💧💦	肥	🐞	
六月	💧💦	肥	🐞	✂
七月	💧💦	肥	🐞	
八月	💧	肥	🐞	
九月	💧		🐞	
十月	💧		🐞	
十一月	💧		🐞	
十二月	💧		🐞	

选购

购买盆栽，要求植株矮壮、丰满，枝叶繁茂。挂果多，匀称，色彩鲜艳，有光泽，成熟度基本一致，无烂果和破损。

选盆/换盆

盆栽用直径12~15厘米的盆。

配土

用肥沃园土、泥炭土、腐叶土和粗沙的混合土，再加入15%的腐熟厩肥。从播种至采收需60~90天。

摆放

果实鲜艳，色彩多变，往往数色并存，是居室点缀的极佳花卉。宜摆放在阳光充足的窗台或阳台。形色各异的果实会诱发小朋友的浓厚兴趣，因此摆放位置应稍高，防止儿童触摸果实或接触眼睛、伤口，引起灼痛感。

浇水/光照

生长期保持土壤湿润，每3天浇水1次。夏季经常向叶面喷雾。果实成熟变色后可少浇水，保持湿润即可。全日照，长时间的充足阳光有利于开花结果。

施肥

4~8月每周施肥1次，用腐熟饼肥水或"卉友"20-20-20通用肥，挂果后加施1~2次磷钾肥或"卉友"15-30-15高磷肥。

修剪

幼苗生长初期打顶2~3次。花果期适当疏花疏果。

繁殖

主要用播种繁殖。冬末或早春季室内盆播，种子先浸泡1~2个小时，晾干后播种，覆土1厘米，发芽适温25~30℃，播后3~5天发芽。苗株具8~10片真叶时定植或移栽。

病虫害

常见炭疽病，发病初期可用70%甲基硫菌灵可湿性粉剂1 000倍液喷洒。虫害有红蜘蛛、蚜虫，可用40%氧化乐果乳油1 500倍液或50%杀螟松乳油1 500倍液喷杀。

不败指南

1 怎样防止观赏辣椒结果少而小？

答：观赏辣椒不耐寒，怕干旱，忌阳光不充足。缺少阳光，植株易徒长，开花后挂果少而小。高温时，盆土或空气干燥，易引起落花落果现象。所以栽培时，应保持充足的光照和盆土湿润。

2 观赏辣椒能吃吗？

答：观赏辣椒虽剧辣，但食用适度，对人体也很有好处，可作为蔬菜及调味品，帮助消化，增进食欲。其含有丰富的维生素C和胡萝卜素，对促进人体血液循环、增强呼吸道抵抗病菌的能力有一定效果，还具有温中、散寒、开胃、消食的功用。为此，在我国丰盛的传统菜肴中，尤其在川菜和湘菜中十分常见，许多名菜还少不了辣椒。一般来说，果大者则甜，果小者则辣。因此，果大肉厚的辣椒常用来拌沙拉、做泡菜和煮食。具刺激性的小果辣椒在原产地被称"消毒"食物，在热带地区用于食物防腐，常配着米饭、面包、豆类及酸奶食用。

观赏辣椒结果时红果鲜艳，黄果明亮，是观果植物中很具特色的品种。

五月榴花照眼明，枝间时见子初成。

——题榴花 [唐]韩愈

石 榴

Punica granatum

〔别名〕安石榴。

〔科属〕石榴科石榴属。

〔原产地〕欧洲东南部至喜马拉雅地区。

〔果期〕秋末至冬季。

〔旺家花语〕因石榴果实多子，象征“多子多福”，宜赠新婚夫妇，寓意“早生贵子”。

四季养护

喜干燥和阳光充足的环境。耐寒性强，耐干旱，怕水涝。生长适温10~25℃，冬季能耐−15℃低温。

全年花历

月份	浇水	施肥	病虫害	换盆/修剪
一月	💧		🐞	
二月	💧	肥	🐞	换盆
三月	💧	肥	🐞	
四月	💧	肥	🐞	
五月	💧	肥	🐞	
六月	💧	肥	🐞	
七月	💧	肥	🐞	
八月	💧	肥	🐞	
九月	💧	肥	🐞	
十月	💧	肥	🐞	换盆
十一月	💧		🐞	
十二月	💧		🐞	

选购

选购盆栽石榴或盆景，以株形紧凑，株叶繁茂，深绿色，造型好，花蕾多并开始开花者为好。庭园栽植的苗株不宜过大，株高1.5~1.8米为好，树冠开展，分枝多，枝条分布匀称，无病虫。

选盆/换盆

常用直径15~40厘米的盆。秋季落叶后和春季萌芽前进行换盆。

配土

盆栽以肥沃、疏松和排水良好的沙质土壤为宜，可用园土、培养土和沙的混合土，加少量腐熟饼肥。

摆放

石榴盆栽，小盆可供窗台、阳台和居室摆设，大型盆栽或盆景点缀在客厅、入口处。花时，繁花似锦，分外诱人，呈现出节日喜庆的气氛。挂果时，累累红果，惹人喜爱。

浇水/光照

春季盆土保持稍湿润，充足光照。夏季避免淋雨，防止盆土积水，控制浇水量。秋季保持光照充足，盆土不宜过湿。冬季室温保持在3~5℃，每月浇水1次。

施肥

每月施肥1次，用腐熟饼肥水。冬季停止施肥。

修剪

生长期及时摘心，控制营养枝生长，促进花芽形成。盆景每年摘2次老叶，并剪去新梢。

繁殖

扦插：春季选2年生枝或夏季用半成熟枝扦插，长10~12厘米，插后2~3周生根。分株：早春4月芽萌动时，选取健壮根蘖苗分栽。压条：芽萌动前将根部分蘖枝埋入土中，夏季生根后割离母株，秋季即可成苗。

病虫害

常发生叶枯病和灰霉病危害，用70%甲基托布津可湿性粉剂1 000倍液喷洒。虫害有刺蛾、蚜虫和介壳虫，用50%杀螟松乳油1 000倍液喷杀。

不败指南

1 石榴结果少是什么原因？

答：石榴如果阳光不足，就会开花不旺、结果也少。石榴耐干旱，不耐水湿，果实成熟期遇雨水过多，易引起裂果和落果。过度盐渍化和沼泽化的土壤，也会影响结果。

2 石榴除了作为水果食用，还有哪些食用方法？

答：石榴子可酿酒、造醋或制作清凉饮料。石榴子榨汁后，加白糖适量可制成石榴子糖浆，用以含漱或内服，治口腔炎症。石榴还能煮粥食，以100克甜石榴果肉，去籽，切碎，用西米100克，清水泡胀，一起入锅加清水熬煮成粥，吃时加入白糖、糖桂花，甜酸爽口、风味独特。石榴果汁在欧洲常制成鸡尾酒、果子露以及腌渍物的调味品。

未成熟的石榴颜色青黄，不适合作为礼物送人。

矮大丽花

Dahlia variabilis

〔别名〕大丽花。

〔科属〕菊科大丽花属。

〔原产地〕墨西哥、危地马拉。

〔花期〕夏秋季。

〔旺家花语〕处女座守护花。属于“豪华”“气派”的花卉，有些地方叫它“大利花”，即“大吉大利”，能带来好运。在民间常作为吉祥、幸福之花。

四季养护

喜冬季温暖、夏季凉爽的环境。怕高温和严寒。生长适温为10~25℃，夏季温度超过30℃则生长不正常，开花少。冬季温度低于0℃，易发生冻害。

全年花历

月份	浇水	施肥	病虫害	换盆 / 修剪
一月				
二月	水	肥		
三月	水			换盆
四月	水			
五月	水	肥		
六月	水			
七月	水、喷雾		虫	
八月	水	肥	虫	
九月	水		虫	
十月	水		虫	
十一月				修剪
十二月				

选购

购买盆花要求植株矮壮，叶片繁茂完整，花茎挺拔，花朵大，花色艳。选购切花以花朵3/4开放或充分开放，外围花瓣开始衰败之前为宜，因瓶插后花朵难以开放。

选盆/换盆

常用直径为12~15厘米的盆。播种苗在发芽后3周移栽,4周后定植或盆栽。

配土

腐叶土、炉灰、沙和腐熟饼肥屑等配置的混合土。

摆放

盆栽点缀在居室、玄关或台阶，营造出灿烂与亲近的气氛，使居室充满活力。

浇水/光照

严格控制浇水，防止茎叶徒长。夏季高温时向叶茎喷水，但不能把水直接喷淋在花朵上。秋季控制浇水，不干不浇，摆放通风、防雨处，每1~2天向叶面喷水1次。冬季北方植株渐枯，剪去地上部，挖出地下块根，晾干储存，翌年种植；南方留盆放室内过冬即可。

施肥

每季施肥1次，可用“卉友”15-15-30盆花专用肥。

修剪

在定植后10天使用0.05%~0.1%矮壮素喷洒叶面1~2次，以控制植株高度，或在苗高15厘米时摘心1次，促使分枝，多开花。花后剪除残花。

繁殖

播种：常以室内盆播，发芽适温为20~22℃，播后10~14天发芽。从播种至开花需80~100天。块根繁殖：采用催芽的块根，待有2片叶展开时上盆。扦插：剪取3~5厘米长的芽头，插于沙床，约2~3周生根后盆栽，扦插苗当年可开花。

病虫害

常见白粉病和褐斑病危害。发病初期用50%多菌灵可湿性粉剂1 000倍液喷洒。虫害有蚜虫、红蜘蛛，发生时用40%三氯杀螨醇乳油1 000倍液喷杀。

不败指南

1 矮大丽花叶片上有斑点怎么办？

答：矮大丽花最容易发生的褐斑病，初期出现褐色小斑点，严重时病斑连接成片而发黄干枯，发病初期可用70%代森锰锌可湿性粉剂700倍液喷洒。同时，盆花摆放的场所要注意通风、透光，以减轻病害的发生和蔓延。

2 矮大丽花切花的花蕾迟迟不开是什么原因？

答：这是因为矮大丽花切花瓶插后难以开放，也不适合贮藏。所以矮大丽花采切花枝不宜过早，否则花朵难于开放。选购矮大丽花切花时，应以花朵3/4开放或完全开放，但外围花瓣尚未凋败者为好。

粉红色大丽花代表了“因了解你的心而喜悦”，极富浪漫气息。

八月

瞧，那一个个顶着绿草帽的小精灵。

铜钱草

Hydrocotyle vulgaris

〔别名〕香菇草、南美天胡荽（suī）。

〔科属〕伞形科天胡荽属。

〔原产地〕南美洲。

〔花期〕夏秋季。

〔旺家花语〕有“财运滚滚”的花语，叶片圆圆，形似铜钱，寓意“招财、旺财”。

四季养护

喜温暖、湿润和阳光充足的环境，生长适温20~28℃。夏季不超过30℃，空气湿度70%~80%最好。铜钱草不争土、不争肥，只要光和水充足，就会生机勃勃。

全年花历

月份	浇水	施肥	病虫害	换盆/修剪
一月	💧		🐞	✂
二月	💧	肥	🐞	✂
三月	💧	肥	🐞	🪴✂
四月	💧	肥	🐞	✂
五月	💧🧴	肥	🐞	✂
六月	💧🧴	肥	🐞	✂
七月	💧🧴	肥	🐞	✂
八月	💧	肥	🐞	✂
九月	💧	肥	🐞	✂
十月	💧	肥	🐞	✂
十一月	💧		🐞	✂
十二月	💧		🐞	✂

选购

选购铜钱草时，以植株矮壮，叶片繁茂，青翠光亮，无病斑、焦斑者为好。

选盆/换盆

常用玻璃盆、塑料盆、瓷盆，以口径15~20厘米为宜，也可放鱼缸中水培，直径依植株大小而定。

配土

盆栽可用园土、腐叶土和河沙的混合土。

摆放

盆栽植株点缀在窗台、书桌或案几，给人以舒适、清雅之感。

浇水/光照

春季生长期每2~3天浇水1次，盆土保持湿润，充足光照。夏季向叶面多喷雾，防止空气干燥，忌强光暴晒。秋季盆土保持湿润，见干即浇，防止干裂。冬季保持温度在10℃以上，摆放在温暖阳光处，盆土保持稍干燥，不能积水。

施肥

生长期每月施肥1次，要控制氮肥用量，防止茎叶徒长，冬季停止施肥。刚买回家的铜钱草不宜立即施肥，要耐心等待其长出新叶才能正常施肥，施肥时注意不要让肥液污染叶面。

修剪

春季当盆内长满根系时换盆，并分株整形。平时剪除病叶、黄叶、枯叶即可。若植株生长过高，应修剪压低，促使茎叶基部萌发新枝。

繁殖

分株：春季进行，将茎节上生长的顶端枝剪下或将密集株丛一分为二，可直接盆栽。扦插：夏季进行，剪取顶端嫩枝，长10~15厘米，插入沙床，在20~24℃环境下，约2周生根。播种：春秋季盆内播种，发芽适温19~24℃，播后10天发芽。水培：整株脱盆，将根用水清洗干净，剪除断根和腐根，再用清水养。也可剪取节间生根的顶端枝直接水养。刚水养时每3~4天换水1次，出现白色根系后，可7~10天换水1次。此外生长期也需要每7~10天换水1次，每半个月补充1次营养液。茎叶生长过快时，可随时分株水培，及时摘除黄叶。剪断过高的叶丛，每周转动瓶位半周，达到株态匀称。

铜钱草的水培

❶ 将铜钱草从盆中取出，去除外围的宿土。

❷ 将根部清洗干净，注意不要损伤根系。

❸ 放进透明的玻璃器皿中水养，经常向叶面喷雾，有利于叶片生长。

病虫害

铜钱草的叶片和嫩枝易遭蜗牛危害，可在傍晚人工捕捉灭杀或用3%石灰水100倍液喷杀。

不败指南

铜钱草的叶子怎么发黄了？

答：叶片发黄主要有以下几个原因：一是盆土长期过湿或过干，没有做到“见干即浇”；二是长期置于通风条件差的环境下；三是叶面长期不喷水清洗，积累了灰尘，阻碍了光合作用。针对以上情况，要及时改善栽培环境并采取养护措施。

龟背竹

Monstera deliciosa

〔别名〕蓬莱蕉。

〔科属〕天南星科龟背竹属。

〔原产地〕墨西哥、巴拿马。

〔花期〕春夏季。

〔旺家花语〕有"延年益寿"的花语。

四季养护

喜温暖、湿润和半阴的环境。不耐寒，怕干燥，忌强光。生长适温15~25℃，春季至秋季遮光50%，冬季不遮光，温度不低于10℃。

全年花历

月份	浇水	施肥	病虫害	换盆/修剪
一月	💧		🐞	
二月	💧		🐞	🪴 ✂
三月	💧		🐞	
四月	💧		🐞	
五月	💧 🚿	肥	🐞	
六月	💧 🚿	肥	🐞	
七月	💧 🚿	肥	🐞	
八月	💧 🚿	肥	🐞	
九月	💧 🚿		🐞	
十月	💧 🚿		🐞	
十一月	💧		🐞	✂
十二月	💧		🐞	

选购

以植株端正，茎节粗壮，叶片厚实、多孔，无缺损，深绿色，斑叶种斑纹清晰，无黄叶和病虫害痕迹，植株叶片硕大、柔嫩者为好。

选盆/换盆

盆栽常用直径15~20厘米的盆，吊盆常用直径20~25厘米的盆。每隔2~3年在春季换盆。

配土

盆栽以肥沃、疏松和排水良好的微酸性土壤为宜，可用培养土、腐叶土和粗沙的混合土。

摆放

小盆水养放在窗台或书房，更添热带气氛，摆放在老人卧室附近，有为家中老人增添福寿的寓意。

浇水/光照

春季生长期每周浇水1次，保持土壤湿润，散射光充足。夏季充足光照，遮光50%，经常给植株喷雾降温增湿，盆土保持湿润，忌积水。秋季同夏季，水分不足或空气干燥时，可向叶面喷雾。冬季每半月浇水1次，盆土保持稍干燥。适度光照，无需遮光，保持温度在10℃以上，以免发生冻害。

施肥

5~8月生长期每半月施肥1次，用稀释的饼肥水或“卉友”20-20-20通用肥。促进茎叶生长，若氮肥过多，茎节生长过长，容易折断，影响株形。

修剪

株高20~30厘米时，进行摘心，促使分枝。盆栽2~3年后，进行修剪。换盆时也要及时剪除老根和过长的茎节、黄叶，以免影响植株正常生长。花后修剪和冬季重剪尤为重要，可帮助萌发新枝，枝条充实，花芽饱满，开花亦大。

龟背竹的扦插繁殖

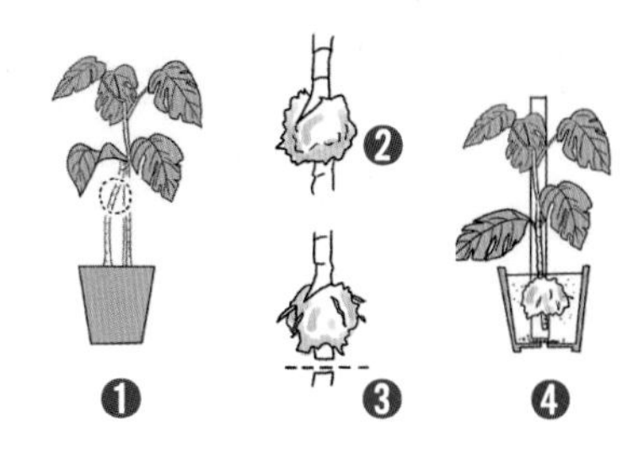

❶ 低矮处的叶片掉落，枝干显得很空，在这个部位取扦插条。

❷ 切一个舌状的口子，用水苔包裹。

❸ 1个月后生根，2个月后可割离母株。

❹ 栽到新鲜培养土里，用支架把它扶好。

繁殖

播种：常用盆播，种子成熟后即播或春播为好。盆土需经高温消毒，播前用40℃温水浸种半天，发芽适温为25~28℃，播后25~30天发芽。

病虫害

易发生叶斑病、茎枯病、灰斑病等病，发病初期可先用50%多菌灵可湿性粉剂1 000倍液、50%退菌特可湿性粉剂800~1 000倍液喷洒或用65%代森锌可湿性粉剂600倍液喷洒。虫害有介壳虫，可用旧牙刷清洗后用中性洗衣粉1 000倍液或40%氧化乐果乳油1 000倍液喷杀。

不败指南

盆栽龟背竹的叶尖和叶缘都变褐色了是什么原因?

答：叶尖和叶缘出现褐色的原因有很多，最主要的是室内空气干燥或盆内根系过密所引起，其次是浇水过多的征兆，若是积水引起的褐化，叶片还会变黄。此时，必须减少浇水，向叶面喷雾或换盆。

生石花

Lithops spp.

〔别名〕石头花。

〔科属〕番杏科生石花属。

〔原产地〕非洲南部。

〔花期〕秋季。

〔旺家花语〕有“生命宝石”之称，外形和色泽酷似彩色卵石，被喻为“有生命的石头”，象征着“顽强”。

四季养护

喜温暖、干燥和阳光充足的环境。耐旱和半阴，怕水湿、高温和强光。生长适温15~25℃，冬季温度不低于12℃。

全年花历

月份	浇水	施肥	病虫害	换盆 / 修剪
一月			🐞	
二月	💧	肥	🐞	
三月	💧	肥	🐞	
四月	💧	肥	🐞	
五月	💧		🐞	
六月	💧		🐞	
七月	💧		🐞	
八月	💧		🐞	
九月	💧	肥	🐞	🪴 ✂
十月	💧		🐞	
十一月			🐞	
十二月			🐞	

选购

选购生石花时，要求植株球果形，充实、饱满，株幅不小于1厘米；有一对连在一起的肉质叶，顶端平坦。

选盆/换盆

常用直径10~20厘米的盆，每盆栽苗3~5株。每2年换盆1次。

配土

盆栽可用腐叶土、培养土和粗沙的混合土，加少量盆花专用肥。

摆放

刚买回家的盆栽生石花，适宜摆放在有纱帘的窗台或阳台，避开强光。

圆润的彩石之中，开出了生命之花。

浇水/光照

春季进入生长期，出现蜕皮，长出球状叶时，严格控制浇水，盆土保持湿润即可。夏季新的球状叶越长越厚，始终保持2片。高温强光时适当遮阴，进入休眠期，减少浇水。初秋天气开始转凉，需特别注意浇水，每2周浇水1次，盆土保持稍湿润。冬季盆土保持干燥，摆放在温暖，阳光充足处。

施肥

生长期每半月施肥1次，用稀释饼肥水或“卉友”15-15-30盆花专用肥。夏季高温休眠期停止施肥。

修剪

换盆时，清理萎缩的枯叶。

繁殖

播种：4~5月采用室内盆播，种子细小，发芽适温20~22℃，播后7~10天发芽。幼苗生长特别迟缓，仅如黄豆般大小，且养护较困难，喜冬暖夏凉气候，浇水必须谨慎。实生苗需2~3年才能开花，一般在秋季会从卵石般的叶片中间开出美丽花朵，其花可把整个植株覆盖起来，甚为奇特。扦插：生长期常用充实的球状叶，但必须带基部，稍晾干后插入沙床，20~25天可生根，待长出新球状叶后再移栽。

病虫害

主要发生叶斑病和叶腐病危害，发病初期用70%代森锰锌可湿性粉剂600倍液喷洒。虫害有蚂蚁和根结线虫，常用套盆隔水养护、换土，来减少蚂蚁、根结线虫危害。

不败指南

1 买花时如何区分生石花属和肉锥花属的多肉？

答：生石花属的多肉与肉锥花属的多肉常常容易混淆，新手在选购时，只要掌握个小诀窍就不会买错了：肉锥花形状多样，叶片中间有小口，而生石花属叶形多为卵状或锥状，一条缝隙将叶片分为两部分。

2 生石花在蜕皮期徒长了怎么办？

答：一般出现这种情况是由于盆土水分过大，光照不够充分以及通风不畅。春季是生石花的生长期，当其开始蜕皮时，应加强光照和通风，减少浇水量和次数。否则生石花不仅会徒长，一不小心还会“仙去”。

生石花两片肉质叶肥厚圆润，形似屁股，又名“屁股花”。

铁线莲

Clematis florida

〔花期〕夏秋季

九月

美丽的心

〔别名〕番莲

〔科属〕毛茛科铁线莲属。

〔原产地〕中国、日本、朝鲜。

〔旺家花语〕巨蟹座守护花，有“高洁”“美丽的心”等花语。

四季养护

喜温暖、湿润和半阴的环境。较耐寒，怕高温，忌积水，不耐旱。生长适温15~22℃，冬季不低于-5℃，喜含锰盐的碱性土壤。

全年花历

月份	浇水	施肥	病虫害	换盆/修剪
一月	💧	肥		
二月	💧	肥		换盆 修剪
三月	💧	肥		换盆 修剪
四月	💧	肥	虫	
五月	💧	肥	虫	
六月	💧	肥	虫	
七月	💧		虫	
八月	💧		虫	
九月	💧	肥	虫	换盆
十月	💧		虫	
十一月	💧			
十二月	💧			

选购

选购盆栽时，要求叶片多且分布匀称，中绿至深绿色。最好在春季花期购买，可以看到花朵大小和颜色，以便知道品种的优劣。

选盆/换盆

常用直径15~20厘米的盆，每盆栽植1株苗，盆栽时根部入土5厘米。春季或花后换盆。

配土

盆栽以肥沃、排水良好和含锰盐的碱性土壤为宜，可用腐叶土、泥炭土和沙的混合土。

摆放

刚买回家的盆栽植株，适宜摆放在半阴的窗台或阳台，点缀阳台、窗台和室内几架，极富时代气息。

浇水/光照

春季生长期盆土保持湿润，“干则浇，浇则透”。切忌盆内过湿或积水。夏季充足光照，强光时及时遮阴，盆土保持湿润，但如果盆土过湿或积水，反而会影响植株的正常生长。夏季养护时注意避免强光暴晒，保持适度湿润，有利于铁线莲度夏。秋季注意通风，不能积水。冬季放室内栽培，摆放在温暖、阳光充足处越冬，减少浇水量。

施肥

春季栽植前施肥，生长期每半月施肥1次，花芽形成期施1次磷肥，也可用“卉友”15-15-30花盆专用肥。不宜施过多氮肥，以免造成花朵畸形或花期缩短。秋末可向落叶后的植株加施1次秋肥，提供充足养分，有利于花芽分化。

修剪

播种苗要摘心促使分枝，枝条较脆，易折断，生长过程中需及时整理枝蔓，设架固定，并及时修剪。成年植株一般每年疏剪1次，植株开始老化可重剪1次。刚栽植的株苗，将枝条截短留30厘米，翌年换盆后，每个枝条可留60~70厘米。

繁殖

扦插：5~6月进行，剪取长10~15厘米的成熟枝，节上带2个芽，插入泥炭土，2~3周生根。播种：秋季采种即播或冬季沙藏，翌年春播，播后3~4周发芽。秋播要到翌年春季才能萌芽出苗。

病虫害

易发生白粉病和灰霉病。发病初期用75%百菌清可湿性粉剂800倍液或50%甲霜灵锰锌可湿性粉剂500倍液喷洒。虫害有红蜘蛛和蚜虫，危害叶片和花枝，发生时用40%氧化乐果乳油1 000倍液或25%噻嗪酮可湿性粉剂1 500倍液喷杀。

不败指南

铁线莲的部分叶片变黄、枯萎是什么原因?

答：盆内肥料不足、盆土过湿、水和土壤偏酸性等原因都会造成这种情况。肥料不足会引起底部叶片枯萎脱落，花也开不出来；或几年没有换盆，盆土缺肥板结，也会使底部叶片枯萎脱落。

鸿 运 当 头

Guzmania insignis

〔别名〕果子蔓、锦叶凤梨。

〔科属〕凤梨科果子蔓属。

〔原产地〕南美安第斯山地区。

〔花期〕初春、夏末至初秋。

〔旺家花语〕有“吉祥”等花语。赠送经商好友，寓意“鸿运当头，财源滚滚”。

四季养护

喜温暖、湿润和阳光充足的环境。不耐寒，耐干旱，怕强光暴晒。生长适温16~28℃，冬季温度不低于10℃，温度5℃以下，叶片易发生冻害。

全年花历

月份	浇水	施肥	病虫害	换盆 / 修剪
一月	💧	肥	🐞	✂
二月	💧	肥	🐞	盆 ✂
三月	💧	肥	🐞	✂
四月	💧	肥	🐞	✂
五月	💧 喷雾	肥	🐞	✂
六月	💧 喷雾	肥	🐞	✂
七月	💧 喷雾	肥	🐞	✂
八月	💧 喷雾	肥	🐞	✂
九月	💧 喷雾	肥	🐞	✂
十月	💧 喷雾	肥	🐞	✂
十一月	💧	肥	🐞	✂
十二月	💧	肥	🐞	✂

选购

以株形端正，叶片排列有序、无缺损、无病虫或其他污斑；叶色青翠碧绿，花序直立、粗壮，花苞鲜红艳丽，没有枯萎或受冻痕迹；叶片硬直、花苞挺拔为好。

选盆/换盆

常用直径12~15厘米的盆。每隔2年春季换盆。

配土

盆栽可用腐叶土、泥炭土和粗沙的混合土。

摆放

适宜摆放在阳光充足的朝东阳台或窗台。

浇水/光照

春季充足散射光，盆土保持稍湿润。盛夏时喷水降温，注意遮阴。秋季空气干燥时，适当向叶面喷水，降温前及时入室。冬季植株进入休眠期，生理活动减弱。室温需保持在10℃以上，白天将盆株放置在朝南的窗台，让其充分接受光照，晚间再将盆搬离窗台，盆土保持稍干燥。

施肥

每半月施肥1次，并增施磷钾肥或“卉友”20-8-20四季用高硝酸钾肥1~2次。其圆筒形的叶筒具有吸水、吸肥功能，可直接将肥液施于叶筒中。

修剪

及时剪除植株外围的黄叶、枯叶，用稍湿的软布轻轻抹去叶片上的灰尘，保持叶片清洁、光亮。

繁殖

播种：必须用新鲜种子，室内盆播，发芽适温为24~26℃，播后2周发芽。分株：春季将母株旁生的蘖芽培养至10~12厘米高时切割，插于疏松的腐叶土中，待发根较多时再盆栽。另外，花后老株逐渐枯死，新株逐渐长大，用利刀将其切下，待伤口稍晾干，插入沙土中，温度保持在20~25℃，罩上塑料薄膜保温保湿，经1个月左右生根上盆。

病虫害

主要有叶斑病危害，可用波尔多液或50%多菌灵可湿性粉剂1 000倍液喷洒防治。

不败指南

鸿运当头的叶色为什么变黄了？

答：有3种原因可导致鸿运当头的叶色变黄。一是夏季暴晒，会使植株生长缓慢或被迫进入半休眠状态，导致叶片灼伤、变黄。应为其遮光50%，保持通风，并向叶面多喷雾，让其慢慢恢复。二是叶筒有吸收水分的作用，因此叶筒内是否有水会影响植物生长。若叶筒缺水，叶色就会暗淡无光，且会逐渐变黄。三是植株老化或光照不足，叶色也会由绿变黄，老化植株叶色变黄是正常现象，需及时更新；光照不足叶色变黄应立即改善栽培环境，可逐渐恢复。

圆筒形的叶筒吸水、吸肥能力好，可直接将水、肥液倒入。

常 春 藤

Hedera nepalensis var.sinensis

〔别名〕英国常春藤、西洋常春藤。

〔科属〕五加科常春藤属。

〔原产地〕欧洲。

〔花期〕秋季。

〔旺家花语〕是忠诚的象征。在希腊的婚礼上，牧师会把一枝常春藤的卷须交给新人，以表示夫妇之间的忠诚。

四季养护

喜温暖、湿润和半阴的环境。不耐寒，怕高温，忌干旱和强光暴晒。生长适温10~15℃，夏季温度超过30℃，茎叶停止生长。

全年花历

月份	浇水	施肥	病虫害	换盆 / 修剪
一月	💧		🐞	✂
二月	💧💦	肥	🐞	🪴✂
三月	💧💦	肥	🐞	✂
四月	💧💦	肥	🐞	✂
五月	💧💦	肥	🐞	✂
六月	💧💦	肥	🐞	✂
七月	💧💦	肥	🐞	✂
八月	💧	肥	🐞	✂
九月	💧	肥	🐞	✂
十月	💧	肥	🐞	✂
十一月	💧		🐞	✂
十二月	💧		🐞	✂

选购

盆栽常春藤，以植株有良好造型，枝叶丰满，叶片深绿有光泽、斑纹清晰，无缺损和病虫害者为好。选购常春藤切叶，以完全成熟的茎叶为宜。

选盆/换盆

盆栽或吊盆常用直径15~20厘米的盆，每盆栽苗3~4株。每年春季换盆。

配土

盆栽以肥沃、疏松的沙质土壤为宜，可用培养土、腐叶土和河沙的混合土。

摆放

常春藤耐阴又耐修剪，叶色清新典雅，盆栽适用于家庭阳台、窗台和厨房、卫生间室内悬挂点缀，显得清新飘逸，令人感到舒畅惬意。栽植室外，布置在门庭、柱子和墙面，使景观更加舒展自然。

浇水/光照

春季生长期盆土保持湿润，每周浇水1~2次。室内温度稍高时，可选择午间向盆栽植株叶面喷水。盛夏高温时除浇水外，多向叶片和地面喷水。温度不宜超过30℃，否则茎叶会停止生长。注意遮阴，防止强光灼伤叶片。秋季进入快速生长期，盆土保持湿润，每周浇水1~2次。冬季摆放在室内光照充足的阳台或窗台，室温保持8℃以上，盆土保持稍干燥。

施肥

生长期每月施肥1次，用腐熟饼肥水或“卉友”15-15-30盆花专用肥。肥水不宜过多，否则易造成蔓茎过快伸长，不利于保持株形美观。

修剪

平常及时剪除密枝和交叉枝，保持优美的株形。若垂枝过长时，也应适当修剪整枝。吊盆栽培时，茎叶萌发期需多次摘心，促使其多分枝，并以垂吊形式修剪和整形，防止枝蔓生长过于凌乱，要使吊盆中的枝蔓分布均匀，达到吊盆快速成型的效果。

常春藤的扦插繁殖

❶ 选取健壮的枝条，从基部剪下一段。

❷ 插入盛土壤的盆中5厘米左右深。

❸ 放凉爽、通风处即可。

繁殖

扦插：生长期均可进行，以春秋季进行最好。剪取2年生营养枝，长15~20厘米，用叶芽或水插法，成活率高，室温为15~20℃，约20天生根。

病虫害

高温多湿天气易发生叶斑病危害。可用1%波尔多液喷洒预防，发病初期用75%百菌清可湿性粉剂800倍液喷洒。虫害有红蜘蛛和介壳虫危害，发生时用40%三氯杀螨醇乳油1 000倍液和40%氧化乐果乳油1 500倍液喷杀。

不败指南

常春藤的叶片发黄，有的叶片还枯萎了，是什么原因造成的？

答：大概是常春藤生了根腐病，主要是由于室内温度过高而且通风不畅造成的。出现此种情况，应注意及时降低室内温度并通风。

文竹

Asparagus plumosus

〔别名〕云片竹、云竹、刺天冬。

〔科属〕百合科天门冬属。

〔原产地〕非洲南部。

〔花期〕夏秋季。

〔旺家花语〕象征着“永恒”“天长地久”，适合馈赠爱人和亲友。

四季养护

喜温暖、湿润和半阴的环境。不耐寒，怕强光暴晒和干旱，忌积水。生长适温15~25℃，冬季不低于5℃。夏季如高温干燥，叶状枝易发黄脱落。

全年花历

月份	浇水	施肥	病虫害	换盆 / 修剪
一月	💧	肥		
二月	💧	肥		🪴 ✂
三月	💧	肥		🪴
四月	💧	肥		
五月	💧 🧴	肥	🐞	
六月	💧 🧴	肥	🐞	
七月	💧 🧴	肥	🐞	
八月	💧	肥		
九月	💧	肥		
十月	💧	肥		
十一月	💧	肥		
十二月	💧	肥		

选购

选购盆栽时，要求植株挺拔，株态优美，基部枝叶集中，上部枝叶散开，呈伞状；枝叶深绿色，密集，无黄叶和掉叶。

选盆/换盆

盆栽常用12~15厘米的盆，吊盆常用15~18厘米的盆，开花结种需用20~25厘米的盆。盆栽每年换盆1次，吊盆每2年换盆1次。

配土

盆栽用园土、腐叶土和河沙的混合土。

摆放

宜摆放在卧室、窗台、阳台、客厅。

浇水/光照

春季生长期盆土保持湿润，浇水量不宜过多，否则易烂根、落叶。适度光照。盛夏时向株丛喷水，增加空气湿度。及时遮阴，避免强光暴晒。秋季减少浇水量，盆内不能积水。冬季根据室内的温度控制浇水量，避免盆土过于湿润。

施肥

生长期每月施肥1次，用腐熟的饼肥水或“卉友”20-20-20通用肥。此外，每月可追施1~2次含有氮磷的薄肥。开花期施肥不要太多，在5~6月和9~10月分别追施液肥2次即可。

修剪

春季换盆时，适当修剪整形。新蔓生长迅速，必须及时搭架，以利通风透光，对枯枝、老蔓适当修剪，促使萌发新蔓。在新生芽长到2~3厘米时，剪去生长点，可促进茎上再生分枝和叶片，并能控制其不长蔓，使枝叶平出，株形不断丰满。

繁殖

分株：在春季结合换盆进行，将根扒开，不要伤根太多，根据植株大小，选盆栽或地栽。分栽后浇透水，放到半阴处进行养护。以后浇水要适当控制，否则容易引起黄叶。播种：以室内盆播为主，一般点播于浅盆，粒距2厘米，覆土不宜过深，浸水后用玻璃或薄膜盖上，以减少水分蒸发，盆土保持湿润，放置于阳光充足处。

文竹的分株繁殖

❶ 从盆中将母株取出后，去掉根部泥土。

❷ 以3~4株苗为一丛，将植株轻轻分开。

❸ 将分株苗居中扶正，加土至离盆口2厘米处为止。

❹ 盆栽后浇透水，放半阴处养护。

病虫害

常有灰霉病和叶枯病危害叶状茎，发病初期用70%甲基托布津可湿性粉剂1 000倍液喷洒。夏季易发生介壳虫和红蜘蛛危害，发生时可用40%氧化乐果乳油1 000倍液喷杀。

不败指南

文竹的枝叶发黄了，一直脱落，是什么原因？

答：文竹枝叶发黄脱落的原因有以下几方面。盆土板结不透气；长期不施肥，盆土瘠薄，枝叶自然发生枯黄；长时间在强光或过阴处摆放；室内长期有人抽烟或新装修居室的污染等。因此要改善居室环境，并调整养护措施，才能使文竹慢慢恢复生机。

九月

发 财 树

Pachira macrocarpa

〔别名〕瓜栗。

〔科属〕木棉科瓜栗属。

〔原产地〕墨西哥。

〔花期〕秋季。

〔旺家花语〕有“开运招财”“兴旺发达”的花语。适宜祝贺好友乔迁之喜和开张大吉，寓意“财富滚滚来”。

四季养护

喜高温、多湿和阳光充足的环境。不耐寒，耐干旱，怕强光暴晒，忌积水。生长适温20~30℃，空气湿度60%~70%。成年植株，可耐短时间0℃低温。

全年花历

月份	浇水	施肥	病虫害	换盆/修剪
一月	💧		🐞	✂
二月	💧	肥	🐞	🪴 ✂
三月	💧	肥	🐞	✂
四月	💧	肥	🐞	✂
五月	💧 💦	肥	🐞	✂
六月	💧 💦	肥	🐞	✂
七月	💧 💦	肥	🐞	✂
八月	💧	肥	🐞	✂
九月	💧		🐞	✂
十月	💧		🐞	✂
十一月	💧		🐞	✂
十二月	💧		🐞	✂

选购

选购发财树时，要求植株造型好，枝叶繁茂，叶片翠绿，有光泽，无病斑。若购买水培或彩石栽培的发财树，要求株形艺术性强，枝叶健壮，无缺叶或黄叶，根系多、分布均匀、根色洁白。

选盆/换盆

常用直径15~25厘米的盆。每年春季换盆，大型盆栽每2~3年换盆1次。

配土

盆栽以肥沃、疏松和排水良好的沙质土壤为宜，可用园土、腐叶土和粗沙的混合土。

手掌状的油绿叶子，抓住财富与好运。

摆放

刚买回家的发财树，适宜摆放在阳光充足的窗台或客厅，用来点缀书房、卧室，青翠素雅。

浇水/光照

春季生长期盆土要保持湿润，浇水充足。摆放在温暖、阳光充足的地方。夏季盆土干燥后浇透水，每天可向叶面喷水，避免强光暴晒。秋季盆土保持稍干燥，忌盆土过湿。冬季每10天浇水1次，当室温低于15℃时，控制浇水量。

施肥

春夏季每月施肥1次，用腐熟的饼肥水或“卉友”20-20-20通用肥。生长期可适当加施2~3次磷钾肥，有利于茎干基部膨大。冬季停止施肥。刚买回家的发财树，要待其长出新叶后才能施肥。

修剪

及时摘除黄叶。如果树冠过大，可适当修剪整形。换盆时，将2~3年未换盆的植株从盆内取出，去除1/3宿土，剪去伤根、老根和过长的根。

繁殖

扦插：以梅雨季节进行最好。剪取15~20厘米2年生成熟枝，顶端留1片复叶，插入沙床，保持室温在20~25℃和较高空气湿度下，插后7~10天生根，扦插苗基部不会膨大，成活率高。播种：采种后立即播种，陈种发芽率极低，最好用新鲜种子。采用室内盆播，种子大，点播，覆浅土，发芽适温为22~26℃，播后3~5天发芽。每颗种子出苗1~4株，出苗后3~4周可以盆栽，实生苗茎干基部会膨大。

如何给发财树编辫子

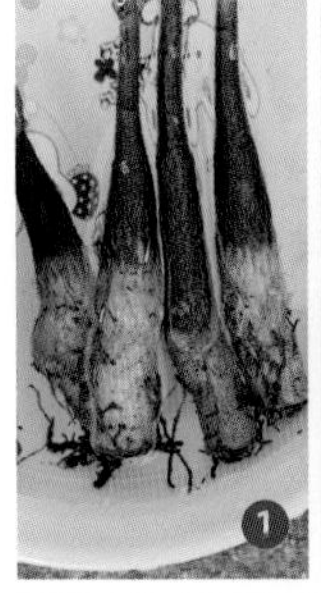

❶ 将实生苗挖出浸泡在水中，以便于弯曲。

❷ 将3~5株光杆树干缠绕成辫子，用石块压牢。

❸ 约1个月后形状固定，可重新盆栽。

病虫害

常见叶斑病危害，用50%多菌灵可湿性粉剂1 000倍液喷洒。虫害有介壳虫、粉虱和卷叶螟，可用25%亚胺硫磷乳油1 000倍液喷杀。

不败指南

发财树的下部叶片变黄了怎么办?

答：盆栽发财树，要求盆土不宜过于湿润，如果水分过多或盆内有积水，就很可能造成茎叶生长缓慢，植株下部叶片变黄脱落。因此养护盆栽植株时，还需严格控制浇水量。

非洲凤仙

Impatiens walleriana

〔花期〕夏秋季

十月

跳跃的伙伴

〔别名〕温室凤仙

〔科属〕凤仙花科凤仙花属。

〔原产地〕非洲东部热带地区。

〔旺家花语〕宜赠生肖属鸡的人，宜在儿童节送给小朋友。忌送恋人。

四季养护

喜温暖、湿润和阳光充足的环境。不耐寒，怕酷热和烈日，忌旱，怕涝。生长适温17~20℃，冬季不低于10℃，5℃以下植株易受冻害。

全年花历

月份	浇水	施肥	病虫害	换盆/修剪
一月	💧			
二月	💧			🪴✂
三月	💧	肥		🪴✂
四月	💧	肥	🐞	
五月	💧	肥	🐞	
六月	💧	肥	🐞	
七月	💧	肥	🐞	
八月	💧	肥	🐞	
九月	💧	肥	🐞	
十月	💧	肥	🐞	
十一月	💧			
十二月	💧			

选购

购买非洲凤仙盆花要求株形美观、丰满，叶片密集紧凑、翠绿，花蕾多并有部分开花为好。吊盆要求茎叶封盆，四周茎叶下垂匀称，花蕾多，有一半开花者为宜。

选盆/换盆

常用直径10厘米盆，吊盆用直径12~15厘米的盆，每盆栽苗3株。

配土

用腐叶土或泥炭土、肥沃园土和河沙的混合土。

摆放

非洲凤仙茎秆透明，叶片亮绿，繁花满株，色彩绚丽，全年开花不断。做成装饰吊篮、花球，点缀廊柱、厅堂、窗台和窗前吊箱，异常别致，妩媚动人。

浇水/光照

喜光照充足，怕烈日暴晒。生长期需充分浇水，春季每周浇水2次，夏季高温季节适当控制浇水，秋季每2~3天浇水1次，冬季每周浇水1次。保持盆土湿润，苗期切忌脱水或干旱。浇水时切忌直接将水淋在花瓣上，以免花瓣受损。

施肥

3~10月生长期每半月施肥1次，用腐熟饼肥水或“卉友”20-20-20通用肥。花期增施2~3次磷钾肥。夏季控制施肥量，冬季停止施肥。

修剪

苗高10厘米时摘心1次，促使分枝。花后及时摘除残花。

繁殖

播种：早春采用室内盆播，种子细小，发芽适温为16~18℃，播后10~20天发芽，从播种至开花需8~10周。

病虫害

常发生叶斑病、灰霉病和茎腐病危害，发病初期用50%多菌灵可湿性粉剂1 000倍液喷洒防治。虫害有蚜虫、红蜘蛛和白粉虱，发生时用40%氧化乐果乳油1 500倍液或90%敌百虫晶体1 000~2 000倍液喷杀。

不败指南

1 盆栽非洲凤仙叶片发黄脱落，是什么原因？

答：叶片发黄脱落的原因很多，比如室温过低或过高、红蜘蛛严重危害、盆内缺肥、盆土脱水或过湿烂根，长期光照不足和发生严重病害等，都会造成叶片发黄然后掉落。补救的办法必须“对症下药”，改善栽培环境。

2 盆栽非洲凤仙落花是什么原因？

答：非洲凤仙怕高温，花期室温高于30℃，会引起落花现象。高温对非洲凤仙的开花和生长都十分不利，还要防止强光暴晒，设置遮阳网，遮光40%~50%，防止日灼病的发生。如果是花瓣损伤，可能是浇水时直接将水淋在花瓣上引起的。

大岩桐

Sinningia speciosa

〔别名〕落雪泥。

〔科属〕苦苣苔科大岩桐属。

〔原产地〕巴西。

〔花期〕夏秋季。

〔旺家花语〕大岩桐的花瓣摸起来手感像天鹅绒，故有“丝绒花”之称，有“华美的姿态”的花语。如果赠初恋，宜赠红色大岩桐，忌送白色大岩桐。

四季养护

喜温暖、湿润和半阴的环境。夏季怕强光、高温，喜凉爽；冬季怕严寒和阴湿。生长适温16~23℃，冬季10~12℃。夏季高温多湿，植株被迫休眠，冬季不低于5℃。

全年花历

月份	浇水	施肥	病虫害	换盆/修剪
一月	√	肥		
二月	√	肥		
三月	√	肥		
四月	√	肥		换盆
五月	√	肥	√	
六月	√	肥	√	
七月	√	肥		
八月	√	肥		
九月	√	肥	√	
十月	√	肥	√	
十一月	√	肥		换盆、修剪
十二月	√	肥		

选购

购买大岩桐盆栽植株，以50%已开花和50%具花蕾者为佳。选购块茎，以直径不小于2厘米，新鲜、充实，外皮清洁，无缩水现象，手感坚硬充实的块茎为宜。

选盆/换盆

常用直径12~15厘米盆。刚买的开花盆栽一般不需要换盆，可在春季4月块茎开始萌芽，或待开花结束后换盆。

配土

盆土用肥沃园土、腐叶土和河沙的混合土。

花朵丝绒般华丽，正是秋季的感觉。

摆放

大岩桐是节日点缀门厅和装饰居室窗台的理想盆花。用它摆放在会议桌、橱窗、茶室，更添节日的欢乐气氛。大岩桐居室摆放切忌与水果盘靠近，以免乙烯引起花蕾枯萎和迅速衰败，或花蕾和花朵的迅速脱落。

浇水/光照

苗期盆土保持湿润，花期每周浇水2次，防止过湿，从盆边或叶片空隙浇下，盆土需湿润均匀，切忌向叶面淋水，否则会造成叶斑或腐烂，且容易感染病菌。

施肥

生长期每2周施肥1次，肥液不能沾污叶片。花期每2周施磷钾肥1次或用“卉友”15-15-30盆花专用肥。

修剪

如果花后不留种，及时剪除开败的花茎，可促使新花茎形成、继续开花和块茎发育。发现黄叶和残花应及时摘除。

繁殖

播种：留种植株进行人工授粉，并在种子成熟后及时采种。春季采用室内盆播，种子细小，播后不必覆土，发芽适温15~21℃，播后2~3周发芽，幼苗具6~7片真叶时盆栽，秋季开花。

病虫害

常见叶枯性线虫病，拔除病株后烧毁，此外盆钵、块茎、土壤均需消毒。生长期有尺蠖咬食嫩芽，可人工捕捉或在盆中施入呋喃丹诱杀。

不败指南

1 大岩桐花瓣褪色是什么原因?

答：这可能和大岩桐的栽培环境有关，大岩桐喜温暖、湿润和半阴的环境，夏季怕强光，喜凉爽。宜摆放在有纱帘的朝东和朝南窗台或阳台，但室内摆放时间也不能太久，否则光线不足，会导致大岩桐花瓣容易褪色，叶色淡，叶缘呈褐色，叶柄柔软下垂，失去活力。

2 大岩桐花后能结种吗?

答：大岩桐留种必须进行人工授粉，用干净的软毛笔将花粉传递到柱头上。因为大岩桐的花柱高于花药，雄蕊早熟，故自花难孕，只有通过人工授粉才能提高结果率。授粉后还应剪去花瓣，以免花瓣霉烂影响结实。一般授粉后30~40天果实才能成熟。

选购盆栽大岩桐，以50%已开花和50%具花蕾的为好。

合果芋

Syngonium podophyllum

〔别名〕箭叶芋、长柄合果芋。

〔科属〕天南星科合果芋属。

〔原产地〕美洲热带地区和西印度群岛。

〔花期〕夏秋季。

〔旺家花语〕天秤座守护花。有“单纯”“简约之美”的花语。

四季养护

喜高温、多湿和半阴的环境。不耐寒，怕干旱和强光暴晒。生长适温15~23℃。夏季超过30℃生长缓慢，春季超过10℃时开始萌发新芽。

全年花历

月份	浇水	施肥	病虫害	换盆/修剪
一月	🚿		🐞	
二月	💧		🐞	🪴 ✂
三月	💧		🐞	
四月	💧		🐞	
五月	💧	肥	🐞	
六月	💧	肥	🐞	
七月	💧	肥	🐞	
八月	💧	肥	🐞	
九月	💧		🐞	
十月	💧		🐞	
十一月	🚿		🐞	
十二月	🚿		🐞	

选购

选购盆栽时，要求植株端正，不凌乱无序，下垂枝叶整齐、匀称，叶片厚实、深绿色，无缺叶或断枝；叶片纹理清晰，没有黄叶和病虫害痕迹。携带时防止折伤叶片和茎节。

选盆/换盆

盆栽常用直径10~15厘米的盆，每年春季或根系过长时换盆。

配土

盆栽以肥沃、疏松和排水性良好的微酸性土壤为宜，可用腐叶土、培养土和粗沙的混合土。

摆放

适宜摆放在居室，也可吊盆悬挂在有纱帘的朝南或朝东窗台上方，能充分体现绿色植物清新舒适的感觉。

浇水/光照

春季生长旺盛期，每周浇水1次，摆放在遮光50%~60%的场所。盛夏以半阴环境为好，盆土保持湿润，每周浇水1次。秋季盆栽植株可搬回朝南窗台或阳台，每10天浇水1次，盆土保持偏湿润，遮光50%即可。冬季保持室温10~12℃，空气干燥时，可晴天午间向叶面喷水。

施肥

5~8月生长期每半月施肥1次，用稀释的饼肥水或“卉友”20–20–20通用肥。

修剪

株高15~20厘米时，进行摘心，促使多分枝。盆栽植株枝条过多过密时，应适当疏剪整形。成年植株春季换盆时，剪除部分根系、剪去过长的下垂枝和黄叶，也可对植株进行重剪，让萌枝更新。

繁殖

扦插：5~10月气温在15℃以上时进行最好。插穗切取茎顶端部位2~3节或茎中段切成2~3节均可，基部保留，可继续萌发新枝。插壤用河沙、蛭石或泥炭土配制，插后10~15天生根，也可剪取有气生根的枝条直接盆栽。

合果芋的扦插繁殖

❶ 夏季生长旺盛，茎部伸出花盆时，可剪取扦插。

❷ 将蔓长的茎部切成小段。

❸ 切口处用湿水苔包裹，栽入沙盆中。

❹ 待生根后可用立柱栽培。

病虫害

常有叶斑病和灰霉病危害，发病初期可用70%甲基硫菌灵可湿性粉剂800倍液喷洒或50%多菌灵可湿性粉剂800倍液喷洒。虫害有白粉虱和蓟马危害，发生时用40%氧化乐果乳油1 500倍液喷杀。

不败指南

合果芋的叶片变黄了，而且一直掉叶是什么原因？

答：长期摆放在光线较差的位置、浇水过多致根部受损、室温过低或过高、遭受病虫害等都会引起叶片变黄和脱落。因此需观察分析原因，及时补救。摆放不对的搬至有明亮光线的场所，浇水过多的停止浇水，室温过高或过低的及时控制室温，遭受病虫害的立即给盆栽植株喷洒药水。

石莲花

Echeveria glauca

〔别名〕玉蝶。

〔科属〕景天科石莲花属。

〔原产地〕墨西哥。

〔花期〕秋季。

〔旺家花语〕有“顽强”“永恒”等花语。

四季养护

喜温暖、干燥和阳光充足的环境。不耐寒，耐干旱和半阴，怕积水和烈日暴晒。生长适温18~25℃，冬季不低于5℃。

全年花历

月份	浇水	施肥	病虫害	换盆 / 修剪
一月		肥	虫	
二月	水滴	肥	虫	盆 剪
三月	水滴	肥	虫	
四月	水滴	肥	虫	
五月	水滴 喷壶	肥	虫	
六月	水滴 喷壶	肥	虫	
七月	水滴 喷壶	肥	虫	
八月	水滴		虫	
九月	水滴		虫	
十月	水滴	肥	虫	
十一月		肥	虫	
十二月	水滴	肥	虫	

选购

以植株健壮端正，株高不超过10厘米，叶片多且肥厚，淡粉绿色，表面附有白粉，无缺损者为宜。

选盆/换盆

常用直径12~15厘米的盆。每年早春换盆。

配土

盆栽可用腐叶土或泥炭土加粗沙的混合土。

摆放

刚买回家的盆栽，适宜摆放在有纱帘的窗台或阳台。

绽放的叶片，仿佛一朵永不凋谢的莲花。

浇水/光照

春季生长期以干燥为好，若盆土过湿，茎叶易徒长。夏季石莲花喜光，可不遮阴，需避开强光暴晒，减少浇水，高温时，可向植株周围喷水，增加空气湿度。秋季每2~3周浇水1次，切忌直接浇灌叶面。冬季室温保持在10℃以上为好，只需浇水1~2次，水分过多根部易腐烂，变成“无根植株”，盆土需保持干燥。

施肥

生长期每月施肥1次，肥液切忌沾污叶面。用稀释饼肥水或“卉友”15-15-30专用肥。

修剪

每年春季换盆时，剪除植株基部萎缩的枯叶和过长的须根。

繁殖

扦插：全年均可进行，以8~10月为好，成活率高。插穗可用单叶、莲座叶盘，还可用蘖枝，但剪口要平，晾干后再插或平放于沙床，插后20天左右生根，盆土如果太湿剪口易发黄腐烂，根长2~3厘米时上盆。播种：种子成熟即播种，发芽温度16~19℃。分株：每年春季换盆时进行。

病虫害

常有叶斑病和锈病，可用75%百菌灵可湿性粉剂800倍液喷洒。虫害有黑象甲和根结线虫危害，黑象甲用25%西维因可湿性粉剂500倍液喷杀，根结线虫用3%呋喃丹颗粒剂防治。

不败指南

1 石莲花出现“摊大饼”的现象是什么原因？

石莲花喜光、耐干旱，所以盆栽植株养护时光照不足或浇水过多，都会造成石莲花“摊大饼”现象。此时应“对症下药”，将盆栽搬至阳光充足的阳台、窗台或室外花架。根据盆栽具体的摊开程度决定是否需要浇水，叶片摊开下垂时，应严格控制浇水。

2 石莲花怎样进行水培？

答：将盆栽石莲花脱盆洗根后水培，或剪取一段顶茎或一片叶片，插于河沙中，待长出白色新根后再水培。水培时不需整个根系入水，可留一部分根系在水面上，这样对生长更有利。春秋季在水中加营养液，夏季和冬季用清水。

石莲花叶片舒展，覆盖面大，适合15厘米左右的陶瓷盆。

熊童子

Cotyledon tomentosa

〔别名〕毛叶银波锦。

〔科属〕景天科银波锦属。

〔原产地〕非洲南部。

〔花期〕春秋季。

〔旺家花语〕熊童子花如其名，毛茸茸的叶片像极了熊爪子，它新奇可爱的样子赢得了众多年轻多肉爱好者的心。

四季养护

喜温暖、干燥和阳光充足的环境。不耐寒，夏季需凉爽，耐干旱，怕水湿和强光暴晒。生长适温18~24℃，冬季不低于10℃。

全年花历

月份	浇水	施肥	病虫害	换盆/修剪
一月			🐞	
二月	💧	肥	🐞	
三月	💧	肥	🐞	🪴
四月	💧	肥	🐞	
五月	💧💦	肥	🐞	
六月	💧💦		🐞	
七月	💧💦		🐞	
八月	💧	肥	🐞	
九月	💧	肥	🐞	
十月	💧	肥	🐞	
十一月			🐞	
十二月			🐞	

选购

盆栽要矮壮、分枝多，茎圆柱形，灰褐色，叶片卵球形，肉质，灰绿色，表面密生细短毛，宛如熊掌，无缺损。

选盆/换盆

盆栽用直径12~15厘米的盆。每年春季换盆。

配土

盆土用腐叶土、培养土和粗沙的混合土，加少量骨粉、盆花专用肥。

摆放

盆栽宜摆放在阳光充足的朝东和朝南窗台或阳台。

浇水/光照

春秋季保持阳光充足，保持通风良好，不需多浇水，保持盆土稍湿润，如果盆土过湿，导致茎叶快速生长，会影响株形。夏季减少浇水，忌雨淋，适当遮阴，避免强光暴晒，可向植株周围喷雾，切忌向叶面喷水，否则易生斑腐烂，若叶片沾水，需用卫生纸轻轻吸干，放通风处散湿。盆土过湿可能会导致烂根落叶。冬季进入休眠期，盆土保持干燥，摆放在温暖、阳光充足处越冬，防止低温冻害，保持室温在10℃以上。

施肥

每月施肥1次，用稀释饼肥水或“卉友”15-15-30盆花专用肥。

修剪

株高15厘米时需摘心，促使分枝。植株生长过高时需修剪，压低株形，4~5年后需重新扦插更新。

繁殖

扦插：以早春和深秋进行为好，剪取充实顶端枝条，长5~7厘米，叶6~7片，插于沙床，室温在18~ 22℃，插后14~21天生根。用枝条扦插成活率高，成型快。也可用单叶扦插，成活率高，但成型稍慢。

病虫害

有叶斑病和锈病危害，可用20%三唑酮乳油1 000倍液喷洒防治。虫害有粉虱，可用40%氧化乐果乳油1 000倍液喷杀。

不败指南

1 熊童子的茎节伸长是什么原因?

答：熊童子生长期如果光照不足，肥水过多，就会引起茎节伸长。因为熊童子喜阳光充足的环境，春秋季生长期盆土需保持湿润，摆放在阳光充足处。盛夏高温时适当遮阴。熊童子喜肥，但也不能过度施肥，只需每月施肥1次，避免肥水过多。

2 怎么才能使熊童子长出小红爪?

答：要想使熊童子长出红红的小爪，可增加光照，同时减少水分供给，叶片边缘就会出现红色边缘，小熊爪就可变得更形象、更可爱。给足阳光的同时，要注意避免强光直晒，另外要保持通风，防止高温影响植株健康生长。

日照充足，熊童子才会胖胖的，长出小红爪。

火　祭

Crassula capitella 'Campfire'

〔别名〕秋火莲。

〔科属〕景天科青锁龙属。

〔原产地〕非洲南部。

〔花期〕秋季。

〔旺家花语〕有"热情""奔放"等花语。

四季养护

喜温暖、干燥和阳光充足的环境。不耐寒，耐干旱，怕积水，忌强光。生长适温18~24℃，冬季不低于8℃。

全年花历

月份	浇水	施肥	病虫害	换盆 / 修剪
一月		肥	🐞	
二月	💧	肥	🐞	🪴 ✂
三月	💧	肥	🐞	
四月	💧	肥	🐞	
五月	💧 喷雾	肥	🐞	
六月	💧 喷雾	肥	🐞	
七月	💧 喷雾	肥	🐞	
八月	💧	肥	🐞	
九月	💧	肥	🐞	
十月	💧	肥	🐞	
十一月		肥	🐞	
十二月		肥	🐞	

选购

以植株矮壮、端正，株高不超过5厘米；表面无缺损，无病虫危害；叶片多、肥厚、对生、排列紧密；春季灰绿色、秋冬季红色者为好。

选盆/换盆

常用直径10~12厘米的盆。最好选用底部带排水孔的盆器。每年早春换盆。

配土

腐叶土、培养土和粗沙的混合土，加少量骨粉。

摆放

春季青翠碧绿，冬季鲜红耀眼，盆栽适宜摆放在阳光充足的窗台、阳台或落地窗旁，给居室带来浓厚的绿意和喜庆气氛。忌放置于荫蔽或通风不畅的场所。

浇水/光照

春季生长期严格控制浇水，每周浇水1次，保持盆土有些潮气就行，盆土过湿茎叶易徒长。夏季每2~3周浇水1次，盆土保持稍湿润，高温干燥时向叶面喷雾，防止叶片基部积水。充足光照，无需遮阴，避开强光暴晒。秋季每周浇水1次，盆土保持稍湿润。冬季需摆放在温暖、阳光充足处越冬，浇水不宜过多，要减少浇水量，盆土保持干燥。若温度低于5℃，则停止浇水。

施肥

每月施肥1次，用稀释饼肥水或用“卉友”15-15-30盆花专用肥。

修剪

换盆时剪除基部枯叶或过长的须根，对长出盆沿的下垂枝可适度疏剪。

繁殖

扦插：以早春或深秋最好，剪取充实的顶端茎叶，长3~4厘米，叶6~7片，插于沙床，保持室温18~20℃，14~21天生根，成活率高，成型快，待长出新叶后盆栽。

病虫害

常发生锈病和叶斑病危害，初期可用70%代森锰锌可湿性粉剂600倍液喷洒防治。虫害有粉虱和介壳虫，用40%氧化乐果乳油1 500倍液喷杀。

不败指南

1 怎样使火祭的叶片变成红色？

答：一般来说火祭在春季为灰绿色，秋冬季颜色转红。想要火祭的叶片转变为火红，要注意以下两点：一是较强的光照，火祭喜温暖阳光，应摆放在阳光充足的阳台、窗台上，保证充分光照。二是较大的温差，秋冬季节昼夜温差较大，有利于叶片慢慢转红。

2 火祭的叶片怎么变黑了？

答：火祭叶片变黑、变软是叶片腐烂的征兆，严重的可导致植株死亡。浇水过多、过频，或摆放在过度潮湿的环境中，都会导致茎叶含水量过高，引起腐烂。此时应尽快脱离潮湿的环境，摆放在干燥通风处，为了防止根部水分淤积，减少浇水次数，每2~3周浇水1次即可。

盆栽火祭后，点缀若干小饰物，清新又不失趣味。

子 持 年 华

Orostachys furusei

〔别名〕千手观音、白蔓莲。

〔科属〕景天科瓦松属。

〔原产地〕东南亚。

〔花期〕夏秋季。

〔旺家花语〕“子持”意为手牵着小孩，“年华”意为莲花，生动地表达了植株如同莲花般的外形特征。

四季养护

喜温暖、干燥和阳光充足的环境。不耐寒，耐半阴和干旱，怕水湿和强光。生长适温20~25℃，冬季温度不低于5℃。

全年花历

月份	浇水	施肥	病虫害	换盆 / 修剪
一月			🐞	
二月	○	肥	🐞	🪴
三月	○	肥	🐞	
四月	○	肥	🐞	
五月	●	肥	🐞	
六月	●	肥	🐞	✂
七月	●	肥	🐞	
八月	○		🐞	
九月	○		🐞	
十月	○		🐞	
十一月			🐞	
十二月			🐞	

选购

选购盆栽时，要求茎秆健壮、端正，呈莲座状；叶片多，肥厚，排列有序叶色鲜艳，斑纹清晰，花星状，具短柄，无缺损和无病虫危害。

选盆/换盆

盆栽常用直径12~15厘米的陶盆、瓷盆、塑料盆。每年春季换盆。

配土

腐叶土、培养土和粗沙的混合土，加少量骨粉。

摆放

刚买回的盆栽，适宜摆放在有纱帘的窗台，不要摆放在荫蔽、通风差的场所。

浇水/光照

春季生长期每月浇水1次，盆土保持稍湿润即可，盆土过湿，容易造成茎叶徒长。夏季进入快速生长期，保证充足光照和水分。盛夏高温干燥时，适当遮阴，避免强光暴晒。秋季适度浇水，盆土保持湿润。冬季减少浇水，盆土保持干燥，摆放在阳光充足处越冬。

施肥

生长期每月施肥1次，可用稀释饼肥水或“花宝”2号20-20-20复合肥。冬季停止施肥。

修剪

平时整理下垂的蔓枝，保持植株匀称、美观。开花后整株死亡，因此要在花茎刚刚抽出时，及时剪除花茎。

繁殖

播种：种子成熟后立即播种，发芽适温13~18℃。分株：通常结合春季换盆进行，尽量选择已经生根的侧芽，成活率较高。

病虫害

常见炭疽病和叶斑病，发病初期用70％甲基托布津可湿性粉剂1 000倍液喷洒。常有蚜虫和介壳虫。蚜虫可用50%灭蚜威2 000倍液喷杀，发现少量介壳虫时可捕捉灭杀，量多时用50%氧化乐果乳油1 000倍液喷杀。

不败指南

1 子持年华徒长了怎么办？

答：光线不足时，子持年华株形易松散、徒长。因此春秋季应将植株搬至户外；但夏季温度过高时，需避开强光照射；冬季放阳光充足处越冬。

2 子持年华烂根了是什么原因？

答：子持年华烂根主要原因，一是土壤不透气，子持年华适宜生长在干燥的环境中，当土壤湿度过大，透气性又差，就容易烂根；二是换盆时间不当，子持年华冬季会进入休眠期，此时换盆，子持年华不能休养生息，容易烂根死亡。

开花后会整株死亡，因此出现花苞时要及时剪去。

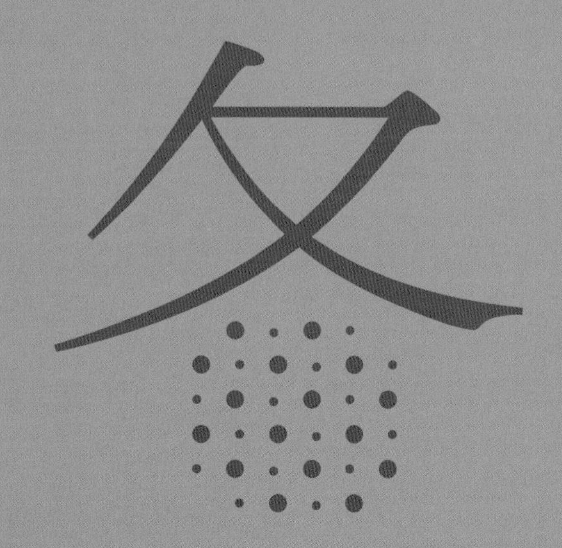

墙角数枝梅，
凌寒独自开。
遥知不是雪，
为有暗香来。

梅花
［北宋］王安石

第五章

冬季
新人上手的
花草

Dong Ji Xin Ren Shang Shou De Hua Cao

吊竹梅

Zebrina pendula

〔花期〕全年

十一月

淡 雅

〔别名〕吊竹草

〔科属〕鸭跖（zhí）草科吊竹梅属。

〔原产地〕墨西哥和美国南部。

〔旺家花语〕有“纯真、淡雅、希望”等寓意。

四季养护

喜温暖、湿润和半阴的环境。耐水湿，不耐干旱。怕强光暴晒和高温。生长适温4~10月为18~22℃，11月至翌年3月为10~12℃。

全年花历

月份	浇水	施肥	病虫害	换盆/修剪
一月	浇水	施肥	病虫害	
二月	浇水	施肥	病虫害	修剪
三月	浇水	施肥	病虫害	
四月	浇水	施肥	病虫害	
五月	浇水	施肥	病虫害	修剪
六月	浇水	施肥	病虫害	
七月	浇水	施肥	病虫害	
八月	浇水、喷水	施肥	病虫害	修剪
九月	浇水、喷水	施肥	病虫害	
十月	浇水、喷水	施肥	病虫害	
十一月	浇水	施肥	病虫害	修剪
十二月	浇水	施肥	病虫害	

选购

选购吊竹梅时，一般选择叶片有序，没有伤斑、病虫害的。

选盆/换盆

直径15~20厘米的陶盆、塑料盆或吊盆，每盆栽3~5株苗。

配土

适宜生长于疏松、肥沃和排水良好的沙质土壤中，盆栽可用肥沃园土、腐叶土和河沙的混合土。

摆放

适宜摆放在有散射光的阳台、窗台、客厅和卧室。

浇水/光照

春季生长期保持光照充足，盆土不宜过湿，盆土干燥后浇透水。夏季应放置于充足散射光处养护，注意遮阴、通风，不应强光直晒，否则容易导致叶黄焦枯，保持盆土湿润。秋季可逐渐增加光照，减少浇水，盆土湿润即可，天气干燥时，适当喷水，保持较高的空气湿度。若空气过于干燥，叶尖容易发生焦枯，茎蔓顶端会枯萎。冬季盆土保持稍湿润，减少浇水量和浇水次数，当温度低于5℃，植株容易受冻，保持在10 ℃以上为佳。

施肥

生长期每半月施肥1次，加施2~3次磷钾肥。但施肥不可过量，若氮肥过多，会出现叶色变淡现象。

修剪

适时摘心修剪，增加分枝，促使萌发新叶。

繁殖

扦插：以春秋季为好，剪取主茎或侧茎，长8~10厘米，带2~3个节间插入沙床，插后7~10天生根，每盆可栽3~4个生根插条。也可采用水插法繁殖，将主茎剪成15~20厘米长，在茎节处切斜口，剪除基部叶片，直接插入清水中，10天左右生根。

病虫害

常见叶枯病危害，发病初期用波尔多液喷洒。虫害有介壳虫，用40%氧化乐果乳油1 000倍液喷杀。

不败指南

1 吊竹梅的根系和基部叶片都老化、变色了怎么办？

答：吊竹梅的茎叶生长迅速，根系和基部叶片容易老化、变色、枯黄脱落，导致“脱脚”现象。因此在生长过程中，要不断摘心修剪，盆栽2年后重剪茎蔓进行更新。

2 吊竹梅造型不好，不开花，怎么办？

答：当新栽小苗的茎长到约20厘米时，摘除顶端生长点，促其分枝。栽培时间过久的植株，基部叶片会变黄、脱落，也会影响整体造形，应剪去过长枝叶，促使基部萌发新芽。长时间置于过阴环境，会使植株缺少光照，不能进行充分的光合作用，从而导致茎叶徒长，叶色暗淡，很难见花，影响观赏价值。

用吊盆栽培悬挂于阳台、廊下，更具观赏价值。

丽格秋海棠

Begonia elatior

〔别名〕里格秋海棠。

〔科属〕秋海棠科秋海棠属。

〔原产地〕栽培品种。

〔花期〕秋末至早春。

〔旺家花语〕丽格秋海棠有“亲切”“单相思”等花语。

四季养护

喜冬暖夏凉和半阴的环境。不耐寒，怕干旱和高温。生长适温15~20℃，超过32℃易引起茎叶枯萎和花芽脱落，冬季温度不低于10℃。

全年花历

月份	浇水	施肥	病虫害	换盆 / 修剪
一月	💧	肥		
二月	💧	肥		
三月	💧	肥	🐞	✂
四月	💧	肥	🐞	
五月	💧			
六月	💧			
七月	💧			
八月	💧	肥		
九月	💧	肥		盆
十月	💧	肥	🐞	
十一月	💧	肥	🐞	
十二月	💧		🐞	

选购

盆花要求株形美观，丰满，叶片披针形，紧凑，深绿色，花蕾多并有部分开花者为好。吊盆要求茎叶封盆，四周茎叶稍有下垂、匀称，花蕾多，有一半开花者为宜。

选盆/换盆

吊盆栽培用直径15~18厘米的盆。

配土

宜肥沃、富含有机质和排水良好的微酸性沙土壤，盆土用肥沃园土、腐叶土和粗沙的混合土。

摆放

宜摆放在有纱帘的朝东或朝南的窗台、阳台上，室温不低于12℃，长期摆放在室内光线较差的场所会造成茎叶徒长，叶片容易发黄，甚至基部叶片发生掉落，花朵不艳和掉落。若室温保持16℃以上，植株照常开花不断。

浇水/光照

刚买回的盆栽，每周浇水1次，生长期每周浇水2~3次，保持盆土湿润，但不能积水，否则叶色变淡，导致茎部腐烂或发生线虫危害，如果空气干燥或水分不足，叶尖易发生枯黄和引起落蕾。春季花株正处室内温、湿度升高时，必须做好通风换气。冬季盆栽植株进入花期，每周浇水2次。

施肥

生长期每半月施肥1次，用腐熟的饼肥水，花蕾出现时可增施1~2次磷钾肥或“卉友”15-15-30盆花专用肥。夏季高温季节暂停施肥。

修剪

如果花后不留种，及时摘除残花，花后轻度修剪，每枝花茎保留4~5节，剪去其上部茎节。苗株盆栽2周后进行摘心，摘心的嫩枝可用于扦插繁殖。

繁殖

常用播种和扦插繁殖。播种：秋冬春季室内盆播，种子细小，每克种子65 000粒，播后不需覆土，发芽适温16~18℃，播后1~2周发芽，发芽率高而整齐，播种至开花要5~6个月。

病虫害

常见有叶斑病、白粉病和灰霉病危害，发病初期用75%百菌清可湿性粉剂800倍液喷洒。虫害有红蛛蛛、蚜虫，发现时用40%氧化乐果乳油2 000倍液喷杀。同时要注意改善栽培环境，注意通风，降低湿度，减少氮肥施用。

不败指南

为什么我买的丽格秋海棠开过花后，叶片发黄，慢慢就死了？

答：丽格秋海棠是多年生草本，不像球根秋海棠基部有一个肥大的块茎，地上部枯萎后还能从块茎上萌发新芽继续开花。丽格秋海棠是须根类的，开花后要剪除部分茎节，促使基部新芽萌发才能再开花。花后管理不到位，往往会导致茎节萎缩，叶片发黄死亡。

室内温度在16℃以上，可开花不断。

名园不肯争颜色，灼灼天桃野水滨。

耕园驿佛桑花
[北宋]蔡襄

扶 桑

Hibiscus rosa-sinensis

〔别名〕大红花、朱槿（jǐn）牡丹。

〔科属〕锦葵科木槿属。

〔原产地〕亚洲热带地区。

〔花期〕夏末至初冬。

〔旺家花语〕处女座守护花。单瓣品种宜赠事业有成者或其子女，祝其“子承父业”。重瓣品种宜赠恋人，表达“体贴之心”。忌送无花或掉叶的盆花和花枝。

四季养护

喜温暖、湿润和阳光充足的环境。不耐寒，不耐阴，怕干旱。生长适温15~25℃，冬季温度不低于10℃，5℃以下叶片会转黄脱落，低于0℃枝条会受冻死亡。

全年花历

月份	浇水	施肥	病虫害	换盆/修剪
一月	💧		🐞	
二月	💧	肥	🐞	
三月	💧	肥	🐞	🪴
四月	💧	肥	🐞	
五月	💧	肥	🐞	
六月	💧	肥	🐞	
七月	💧	肥	🐞	
八月	💧🧴	肥	🐞	
九月	💧🧴	肥	🐞	
十月	💧🧴	肥	🐞	
十一月	💧		🐞	
十二月	💧		🐞	✂

选购

选购盆栽时，要求植株矮壮，株高不超过50厘米，分枝多，叶片茂盛，深绿色；花苞多，部分已开花，以便鉴别品种。

选盆/换盆

常用直径15~20厘米的盆。每年春季换盆。

配土

盆栽以肥沃、疏松的微酸性土壤为宜，可用园土、泥炭土和沙的混合土。

摆放

扶桑在南方多栽植于池畔、亭前、道旁和墙边，十分和谐自然，异常热闹。

浇水/光照

春季茎叶生长旺盛，每周浇水2次。进入花期，摆放在室外阳光充足、通风处，每周浇水3次。夏季进入盛花期，每2天浇水1次，盆土保持湿润。高温干燥时，注意通风，防止发生红蜘蛛和介壳虫危害。秋季盆栽植株搬进室内养护，每周浇水2~3次。室温12~15℃，每周浇水1次。空气干燥时，适当喷水，提高空气湿度，有利于茎叶生长和开花。冬季摆放在阳光充足处越冬，每周浇水2~3次。盆土切忌过湿或过干。

施肥

扶桑特别耐肥，生长期每半月施肥1次，可用“卉友”15-15-30盆花专用肥。秋后减少施肥，控制新梢生出。冬季停止施肥，防止茎叶生长过快，影响抗寒能力。

修剪

花后及时修剪花枝，有利于新花枝的萌发，多开花。盆栽苗株高20厘米时进行摘心，促使多分枝，达到株矮花多的效果。

繁殖

扦插：梅雨季进行，剪取顶端嫩枝，长10厘米，剪去下部叶片，留顶端叶片，切口要平，插入沙床，保持较高空气湿度，室温18~21℃，插后20~25天生根。插前用0.3%~0.4%吲哚丁酸溶液处理1~2秒，可缩短生根期。嫁接：春、秋季进行，多用于重瓣和扦插困难的品种，常用枝接或芽接法。砧木用单瓣扶桑，嫁接苗当年抽枝开花。

扶桑的扦插繁殖

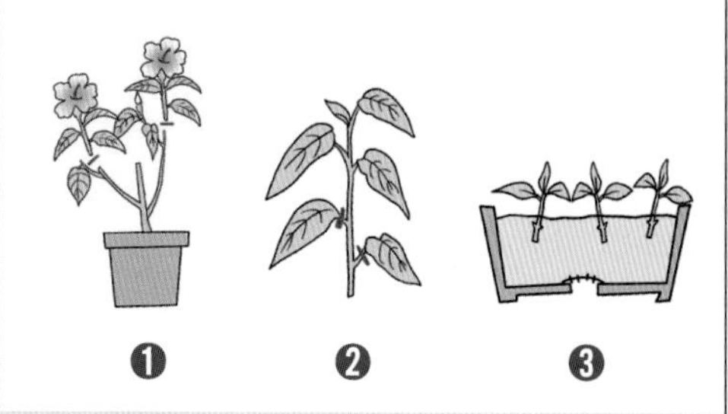

❶ 将花枝剪下，准备扦插。

❷ 摘去底部叶片，留下2~3片叶子。

❸ 扦插间距保持在叶片间不会相互接触，可用蛭石或园土。

病虫害

发生叶斑病可导致大量落叶，直接影响植株生长和开花，可用70%甲基托布津可湿性粉剂1 000倍液喷洒防治。有时发生蚜虫、红蜘蛛和刺蛾危害花枝和叶片，可用10%除虫精乳油2 000倍液喷杀。

不败指南

扶桑的花朵一直长不大是怎么回事？

答：扶桑花期时施肥量过少或没有施肥，都会引起花朵长势衰弱或落蕾。因此要想让扶桑在花时花开似锦、花大而色美，就需要及时施肥，保证养分的充分供应。一般每半月施肥1次，可用盆花专用肥。

花 烛

Anthurium andraeanum

〔别名〕安祖花、红鹤芋。

〔科属〕天南星科花烛属。

〔原产地〕哥伦比亚、厄瓜多尔。

〔花期〕全年。

〔旺家花语〕狮子座守护花。花时的花烛是“热情豪放”的象征。宜赠热情豪放的亲朋好友，祝贺他们事业有成。

四季养护

喜高温、多湿和半阴的环境。不耐寒，怕干旱和强光。生长适温20~30℃，冬季温度不低于15℃，15℃以下则形成不了佛焰苞，13℃以下会出现冻害。

全年花历

月份	浇水	施肥	病虫害	换盆 / 修剪
一月	💧	肥		✂
二月	💧	肥		✂
三月	💧	肥		✂
四月	💧	肥		🪴 ✂
五月	💧 🧴	肥	🐞	🪴 ✂
六月	💧 🧴	肥	🐞	✂
七月	💧 🧴	肥	🐞	✂
八月	💧	肥	🐞	✂
九月	💧	肥	🐞	✂
十月	💧	肥		✂
十一月	💧	肥		✂
十二月	💧	肥		✂

选购

购买盆花要求株形丰满，叶片完整、深绿、无病斑，花苞多，有2~3朵已发育成花朵者为优。切花要求花茎笔直，充分硬化，不弯曲，佛焰苞已充分发育者为佳。购买幼苗以4~5片叶，根多色白者为宜。

选盆/换盆

盆栽用直径15~25厘米的盆，一般每2年换盆1次。

配土

宜肥沃、疏松和排水良好的土壤。

摆放

花烛的花朵颜色丰富多彩，佛焰苞有粉红、白、绿、咖啡、褐红、双色等色。肉穗花序有白、绿、粉红、褐红、淡紫和双色等色。盆栽摆放在卫生间和窗台，显得异常瑰丽和华贵。用它点缀在橱窗、茶室或大堂，格外娇媚动人。开花的盆栽花烛宜摆放在有窗的卫生间。

浇水/光照

生长期应多浇水，并经常向叶面和地面喷水，保持较高的空气湿度。开花期适当减少浇水，充分光照。夏季高温时2~3天浇水1次，中午可向叶面喷水，避免强光暴晒。冬季浇水应在上午9时至下午4时前进行，以免冻伤根系。向叶面喷水忌用漂白过的自来水和夜间进行，否则易诱发病害。

施肥

生长期每半月施肥1次，用腐熟的饼肥水或"卉友"20-8-20四季用高硝酸钾肥。

修剪

花谢后及时剪去残花，平时必须剪去黄叶、断叶和过密叶片。

花烛的分株繁殖

❶ 母株底部的茎长得过长，已经长出了气根。从气根以下切断。

❷ 把湿润的水苔填进根部，种到小型花盆里，用水苔栽培。

❸ 母株上长出新的植株，可以适当施些液肥，把子株从母株上切离。

❹ 将一个子株栽入一个小盆。

繁殖

分株：春季选择3片叶以上的子株，从母株上连茎带根切割下来，用水苔包扎移栽于盆内，20~30天萌发新根后重新定植于15~20厘米的盆内。扦插：剪取带1~2个茎节、有3~4片叶的作插穗，插入水苔中，待萌发根后再定植于盆内。

病虫害

常见炭疽病、叶斑病和花序腐烂病等危害，可用等量式波尔多液或65%代森锌可湿性粉剂500倍液喷洒。虫害有介壳虫和红蜘蛛危害地上部分，可用50%马拉松乳油1 500倍液喷杀。

不败指南

花烛可以水培吗？

答：花烛水培还是比较容易的，将买回家的花烛脱盆后，放在清水中先浸泡一下，然后把根部的土壤慢慢清洗干净，寻找一个与植株大小相适宜的玻璃瓶器，将根系放入，1/2的根系露出水面，切不可将根系全部淹入水中。一般每周加水1次，每旬加1次营养液。室温保持在20~30℃，如果根部长出小吸芽，需及时剪去。

非洲堇

Saintpaulia ionantha

〔花期〕全年

十二月

永恒的美

〔别名〕非洲紫罗兰

〔科属〕苦苣苔科非洲堇属。

〔原产地〕坦桑尼亚。

〔旺家花语〕四季开花不断，有“永恒的美”的花语。

四季养护

喜温暖，不耐寒。喜半阴，怕强光。生长适温16~24℃，冬季温度不低于15℃，室温超过30℃或低于5℃，对非洲堇生长极为不利。

全年花历

月份	浇水	施肥	病虫害	换盆 / 修剪
一月	水滴、喷壶			
二月	水滴	肥		
三月	水滴	肥	虫	
四月	水滴	肥	虫	
五月	水滴、喷壶	肥		
六月	水滴、喷壶	肥		
七月	水滴、喷壶	肥	虫	
八月	水滴	肥	虫	
九月	水滴	肥		
十月	水滴	肥		
十一月	水滴、喷壶	肥		
十二月	水滴、喷壶	肥		

选购

选购非洲堇盆花要求植株健壮，叶片肥厚，排列有序，斑叶者更佳，无缺损、无病虫，花蕾多，有部分花朵已开放，花色鲜艳，重瓣者更好。携带过程中注意包装，切忌造成断叶缺花，影响观赏效果。

选盆/换盆

直径12~15厘米盆。

配土

泥炭土、肥沃园土或水苔、珍珠岩的混合土。

摆放

非洲堇属小型盆栽观赏植物，开花时间长，搬动方便，繁殖容易，特别适合中老年人栽培。盆花点缀在案头、书桌、窗台，十分典雅秀丽。

浇水/光照

春季室温保持在12~18℃，每周浇水1~2次，保持盆土湿润。夏季室温保持在20~25℃，每周浇水1~2次，可喷水增加空气湿度，浇水时切忌沾污叶片。秋季每周浇水1次。冬季摆放在阳光充足和室温13~18℃的窗台上，每周浇水1次，若室内空气干燥，可向地面、盆面喷水或向空中喷雾，增加空气湿度，有利于植株的生长发育，雨雪天光照不足时，增加人工光照。

施肥

生长期每半月施肥1次，每2周施磷钾肥1次。室温低时，停止施肥。

修剪

如果花后不留种，摘去残花。

繁殖

播种：春、秋季采用室内盆播，种子细小，播种土用高温消毒的泥炭和珍珠岩的混合土。播后压平，不必覆土，发芽适温18~24℃，播后2~3周发芽。

病虫害

高温多湿时，易发生枯萎病、白粉病和叶腐烂病，可用10%抗菌剂401醋酸溶液1 000倍液喷雾或灌注盆土中。虫害有介壳虫和红蜘蛛，可用40%氧化乐果乳油1 000倍液喷杀。

不败指南

1 非洲堇冬季根部腐烂了是什么原因？

答：可能是用冷水浇花导致的。冬季非洲堇处于盛花期，需要充足的光照，并且室温不能过低，应保持在13~18℃，浇水的水温必须在20~22℃，不可用自来水直接浇灌。若用冷水浇花，使根部受损，就会发生腐烂。此外，浇水过多盆土过湿，排水不畅，也易引起烂根。

2 为什么我的非洲堇开花很小，而且颜色很淡？

答：这是由于夏季没有控制室温造成的。室温过高时，植株易徒长，不仅会使株形难看，还会影响开花，花色暗淡，花少而小。所以夏季高温时，要将室温控制在20~25℃。

紫色非洲堇代表了"浪漫温馨"，适宜情人节送给恋人。

仙 客 来

Cyclamen persicum

〔别名〕兔耳花、一品冠。

〔科属〕报春花科仙客来属。

〔原产地〕地中海东南部沿岸地区。

〔花期〕冬春季。

〔旺家花语〕射手座守护花。在圣诞节或春节，用盛开的仙客来馈赠亲友，祝贺事业有成，合家欢乐。忌送同事和上级领导，忌送白花品种。

四季养护

喜冬季温暖、夏季凉爽和湿润的环境。喜光，但怕强光直晒，忌积水。生长适温12~20℃，冬季不低于10℃，夏季不超过35℃。

全年花历

月份	浇水	施肥	病虫害	换盆/修剪
一月	💧	肥	🐞	✂
二月	💧	肥	🐞	✂
三月	💧	肥	🐞	✂
四月	💧	肥	🐞	✂
五月	💧		🐞	✂
六月	💧		🐞	✂
七月	💧		🐞	✂
八月	💧		🐞	✂
九月	💧		🐞	换盆 ✂
十月	💧		🐞	换盆 ✂
十一月	💧	肥	🐞	✂
十二月	💧	肥	🐞	✂

选购

选购仙客来花枝，以花朵充分开放，花冠上4~5个花瓣处于直立状态为宜。仙客来盆花以植株大部分花处于花蕾阶段为好，这样的盆花观赏期长。

选盆/换盆

常用直径12~15厘米的盆。9~10月休眠球茎萌芽时换盆。

配土

盆栽可用腐叶土、泥炭土和粗沙的混合土。

摆放

极富趣味的仙客来，是冬季装点客厅、案头、窗台和餐桌的高档盆花，使居室色调明快活泼，成为视觉欣赏的焦点，让人有愉悦的好心情。仙客来用于插花欣赏，奇特有趣。

浇水/光照

春季每周浇水3次。花后叶片开始变黄时，应减少浇水，盆土过湿，球茎易受湿腐烂，过于干燥则推迟萌芽和开花。待盆土差不多干透后再浇水。夏季休眠球茎须放阴凉通风处。盆土不宜过湿。秋季每周浇水2~3次，盆土保持湿润，花期浇水不要洒在花瓣或花苞上。冬季花期消耗水分较多，每周浇水2次，抽出花茎后每周浇水3次，必须待盆土干透再浇。

施肥

生长期每10天施肥1次，花期增施1次磷钾肥或用“卉友”20-20-20通用肥。用液肥时不能沾污叶面。

修剪

随时摘除残花败叶，以免发生霉烂，影响结果。

繁殖

播种：以9月播种最好，采用室内点播。发芽适温12~15℃，播后约2周发芽。若播前用30℃ 温水浸种4小时，可提前发芽。一般品种从播种至开花需24~32周，迷你型品种需26~28周。扦插：块茎休眠期可用球茎分割法繁殖，生长期还可用叶插进行繁殖。

病虫害

常见有软腐病和叶斑病。软腐病在7~8月高温季节发生。除改善通风条件外，用波尔多液喷洒1~2次。叶斑病以5~6月发病多，叶面出现褐斑，除及时摘去病叶外，还要用75%百菌清1 000倍液喷洒2~3次。虫害有线虫危害球茎，蚜虫和卷叶蛾危害叶片、花朵，可用40%乐果乳油2 000倍液喷杀。

不败指南

仙客来的花茎为什么徒长了？

答：花期若钾肥过多或水分不足，都会造成花茎的徒长。因此养护仙客来时，把握好施肥量和浇水量尤为重要。另外，仙客来喜光，但怕强光直射，光照不足则叶片徒长、花色不正。宜摆放在阳光充足的朝东和朝南窗台或阳台，室内摆放时间不能太长，否则花瓣易褪色，叶柄伸长下垂。

花簇挺立喜人，似在欢迎宾客到来，是常见的年宵花。

十二月

蟹爪兰

Schlumbergera truncata

〔别名〕圣诞仙人掌、圣诞之花。

〔科属〕仙人掌科蟹爪兰属。

〔原产地〕巴西。

〔花期〕冬季。

〔旺家花语〕因蟹爪兰花朵生于茎节先端，花色鲜艳的缘故，故有“锦上添花”“鸿运当头”“运转乾坤”的花语。忌送无蕾、无花、花朵萎蔫的蟹爪兰。

四季养护

喜温暖、湿润和半阴的环境。不耐寒，怕强光暴晒和雨淋。生长适温18~23℃，25℃以上不易形成花芽，冬季不低于5℃。

全年花历

月份	浇水	施肥	病虫害	换盆 / 修剪
一月	💧			
二月		肥		🪴
三月		肥		
四月		肥		🪴 ✂
五月	💧 喷雾	肥	🐞	
六月	💧 喷雾		🐞	
七月	💧 喷雾		🐞	
八月	💧		🐞	
九月	💧	肥		
十月	💧	肥		
十一月	💧			
十二月	💧			

选购

选购蟹爪兰，以株形紧凑，叶深绿色，花蕾多并开始开花者为宜。

选盆/换盆

常用直径12~15厘米的盆，每盆栽苗3~5株。每年春季或花后换盆。

配土

盆栽可用肥沃园土、腐叶土和沙的混合土。

摆放

蟹爪兰花期正值新年、春节之际，是点缀卫生间窗台、低柜极佳的盆花，呈现出浓厚的节日气氛。

反卷的花朵，煞是可爱。

浇水/光照

春季盆土保持干燥。待叶状茎充实，萌发新叶后正常浇水。夏季植株进入半休眠状态，浇水要少，盆土保持稍干燥，每3~4天向叶状茎喷水。秋季每周浇水2~3次。进入花期后，土表干燥时即浇水。冬季摆放在阳光充足处，室温保持在10~15℃，有助于延长花期，每周浇水2次，盆土保持湿润。若室内空气干燥，需一周左右用与室温相近的水浇一次，保持土壤稍湿润即可。

施肥

生长期每半月施肥1次，用稀释饼肥水，或用“卉友”15-15-30盆花专用肥。

修剪

换盆时，剪短过长或剪去过密的叶状茎。花后进行疏剪。

繁殖

嫁接：5~6月或9~10月进行，砧木用量天尺或梨果仙人掌，接穗选健壮、肥厚的叶状茎2节，下端削成鸭嘴状，用嵌接法；每株砧木可接3个接穗，呈120°；嫁接后放阴凉处，约10天可愈合成活。扦插：剪取健壮、肥厚的茎节，切下1~2节，稍晾干，待切口稍干燥后插入沙床，2~3周可生根。

病虫害

常有腐烂病和叶枯病危害，用50%克菌丹800倍液喷洒防治。虫害有介壳虫和红蜘蛛，用氧化乐果乳油1 200倍液或50%杀螟松乳油2 000倍液喷杀。

不败指南

1 为什么会出现哑蕾和落蕾现象？

答：主要是由于在蟹爪兰生长过程中，改变了它的向光位置导致的。蟹爪兰是一种向光性很强的植物，因此在养护过程中，不要频繁改变它的向光位置。另外，如果是盛花期，室内温度忽高忽低或者冷风吹袭也会造成落蕾落花。

2 我一直按时浇水，为什么蟹爪兰还是死了？

答：蟹爪兰春季开花接近尾声时，会出现短时间的半休眠状态，叶状茎稍有下垂、萎缩，要严格控制浇水，盆土保持稍干燥，防止浇水过多，造成烂根。待叶状茎充实、萌发新芽后再恢复正常浇水和施肥。

蟹爪兰一株可开花几十朵，玫红色花朵生于茎的顶端，灿烂茂盛，更添喜庆、欢乐的气氛。

十二月

疏影横斜水清浅，暗香浮动月黄昏。

——山园小梅·其一 [北宋]林逋

梅 花

Prunus mume

〔别名〕春梅。

〔科属〕蔷薇科李属。

〔原产地〕中国、朝鲜。

〔花期〕冬春季。

〔旺家花语〕梅花冰中育蕾，雪里开花，这种品格自古被人们推崇，寓意“坚贞不屈”“意志坚强”。

四季养护

喜温暖、稍湿润和阳光充足的环境。较耐寒，耐旱，最怕涝。生长适温8~20℃，冬季能耐−10℃低温。夏季室温30℃以上，易落青叶。

全年花历

月份	浇水	施肥	病虫害	换盆 / 修剪
一月	💧	肥	🐞	✂
二月	💧		🐞	✂
三月	💧			✂
四月	💧	肥		🪴 ✂
五月	💧			✂
六月	💧	肥	🐞	✂
七月	💧	肥	🐞	✂
八月	💧			✂
九月	💧	肥		✂
十月	💧			✂
十一月	💧	肥	🐞	✂
十二月	💧	肥	🐞	✂

选购

以植株矮壮为好，盆栽株高不超过50厘米，分枝多，分布均匀；花蕾多而密，大部分含苞露色，少数已开放者更佳，一般室内摆放2~3周可开花。

选盆/换盆

常用直径20~25厘米的盆。盆栽花谢后换盆，选择晴天将梅桩脱出，除去宿土，剪除长根、枯根、烂根，将开过花的1年生枝条剪短留基部2~3个芽。

配土

盆栽可用肥沃园土、腐叶土和沙的混合土，加少量骨粉。

摆放

梅花制作盆景，点缀在居室、客厅，更显古朴素雅。梅花也是早春切花的好材料。剪取梅花数枝插入古瓶，清香袭人，幽香满室，也是非常高雅的装饰。梅花树姿优美，品种繁多，香味清芳，丛植或孤植于小庭园中，景色自然宜人，富有诗情画意。

浇水/光照

春季生长期需要浇透水，干后再浇。盛夏时，盆土保持稍干燥。秋季盆土保持湿润，保证水分充足，否则会引起落叶。冬季盆土需保持湿润，浇透水，最好在晴天午间进行浇水，保证充足光照。盆栽植株的室温保持在8~10℃，有助于延长花期。

施肥

盆梅需肥不多，新梢生长期施1~2次，6月下旬控制肥水，促进花芽分化。秋季花芽形成时增施1次稀肥。庭园栽植冬季开沟施肥。

修剪

梅花极易萌生枝条，需经常修剪，疏除密枝、弱枝。修剪时选好剪口芽方向，达到树形优美。

繁殖

扦插：冬春用硬枝扦插，剪取一二年生10~18厘米粗壮枝条，插入沙床，如果用0.5%吲哚丁酸溶液处理剪口5~10秒更好，插床在20~25℃的条件下，插后30~40天可生根。压条：常用高空压条，在早春萌芽前或在夏季新梢成熟后进行。选取2年生枝条，离枝顶20~25厘米处行环状剥皮，宽1厘米左右，用腐叶土和塑料薄膜包扎，生根后剪离盆栽。

病虫害

常发生白粉病，发病初期用70%代森锰锌可湿性粉剂600倍液喷洒。虫害有蚜虫和天牛，蚜虫用40%氧化乐果乳油1 000倍液喷杀，天牛用80%敌敌畏乳油注入危害后的孔内灭杀。

不败指南

为什么去年满盆是花，今年只有几个花苞？

答：很可能是花后没有修剪，盆梅开花的多少与修剪密切相关。花后必须修剪，将开过花的一年生枝条保留1~2厘米全部剪短，并换盆加入新土。夏季剪除过多的新枝，留下叶芽和新芽。生长较快的新枝，在叶片长至5~6片时摘心。冬季花前要压低过长的徒长枝。

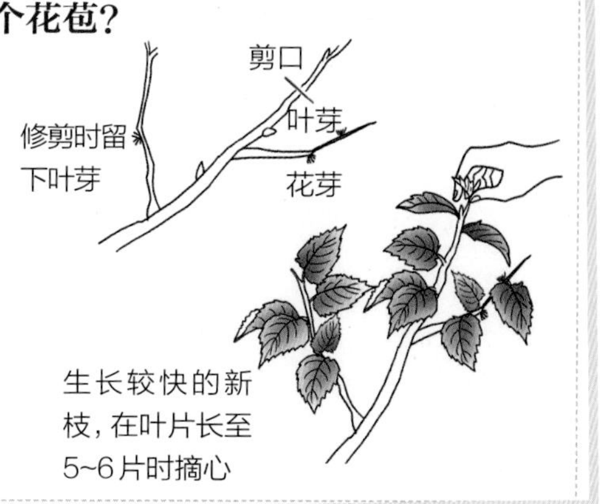

比利时杜鹃

Rhododendron indica

〔别名〕四季杜鹃。

〔科属〕杜鹃花科杜鹃花属。

〔原产地〕杂交培育的栽培品种。

〔花期〕冬春季。

〔旺家花语〕有“爱的喜悦”等花语，是重要的年宵花。

四季养护

喜温暖、湿润和阳光充足的环境。不耐寒，怕高温和强光暴晒。稍耐阴，怕干旱和积水。生长适温15~25℃，5~10℃或30℃以上生长缓慢，0~4℃处于休眠状态。

全年花历

月份	浇水	施肥	病虫害	换盆 / 修剪
一月	💧			
二月	💧			✂
三月	💧		🐞	
四月	💧		🐞	盆
五月	💧 喷	肥	🐞	盆
六月	💧 喷	肥	🐞	
七月	💧 喷	肥	🐞	
八月	💧	肥	🐞	
九月	💧	肥	🐞	
十月	💧	肥	🐞	
十一月	💧			
十二月	💧			

选购

选购比利时杜鹃时，要求植株矮壮，树冠匀称，枝条粗壮；叶片深绿有光泽，无缺损，无病虫；花苞多而饱满，有20%的花苞已初开，花色鲜艳，无缺损和褐化。

选盆/换盆

常用直径15~20厘米的盆。每年春季或花后换盆。

配土

盆栽以肥沃、疏松和排水性良好的酸性沙质土壤为宜，常用腐叶土、培养土和粗沙的混合土。

摆放

适宜摆放在阳光充足的朝南或朝东的阳台、窗台和明亮厅室的花架上。

浇水/光照

春季每周浇水2次，盆土保持湿润。夏季浇水需浇透，傍晚向叶面喷雾，增加空气湿度。盆土不宜过湿或过干。适当遮阴，室温不宜超过30℃。秋季盆栽室内养护，盆土不能过于湿润，浇水量逐渐减少，以每周浇水2~3次为宜，在午后或室温较高时浇水。冬季摆放在温暖、阳光充足处，室温10℃以上。每周浇水1次，盆土保持湿润。

施肥

生长期每半月施肥1次，以薄肥为好。同时增施2次0.15%的硫酸亚铁溶液或用“卉友”21-7-7酸肥。

修剪

生长期进行修剪、整枝和摘心。剪除徒长枝和萌蘖枝，疏剪过密枝。

繁殖

扦插：5~6月剪取半成熟嫩枝，长12~15厘米，除去基部2~3片叶，留顶端叶片，插入沙床，60~70天生根。

病虫害

主要有褐霉病和黑斑病危害，严重时受害叶片枯黄脱落，发生初期用75%百菌清可湿性粉剂1 000倍液每半月喷1次，连喷3~4次。夏秋季高温干燥时，易受红蜘蛛和军配虫危害，发生时用40%氧化乐果乳油1 500倍液喷杀。

不败指南

1 比利时杜鹃的叶片一直大量脱落怎么办？

答：盛夏干燥时，盆栽植株易受红蜘蛛危害，严重时出现叶片大量脱落的现象。此时可将其搬至凉爽通风处，加强虫害防治，干燥时给叶片多喷水。

2 如何延长比利时杜鹃的花期？

答：开花的比利时杜鹃对冷热空气的流动和乙烯十分敏感。若盆花摆放在室温高或靠近空调热风口的地方，则开花很快，花期缩短。若盆花放置在水果盘附近，成熟水果散发的乙烯，会引起杜鹃落叶和落花。空气干燥、光线太强、水分不足等因素，也会导致花期缩短。因此摆放时需多加留心，以免人为地缩短比利时杜鹃的花期。

粉色的“赛马”和红色的“奥斯塔莱特”组合盆栽，颜色丰富，更加美观。

虹之玉

Sedum rubrotinctum

〔别名〕耳坠草、圣诞快乐。

〔科属〕景天科景天属。

〔原产地〕墨西哥。

〔花期〕冬季。

〔旺家花语〕有“红颜知己、心心相通”的花语。

四季养护

喜温暖、干燥和阳光充足的环境。不耐严寒，耐干旱和强光，忌水湿。生长适温13~18℃。叶片中绿色，顶端淡红褐色，阳光下转红褐色。

全年花历

月份	浇水	施肥	病虫害	换盆/修剪
一月	💧		🐞	
二月	💧	肥	🐞	🪴
三月	💧	肥	🐞	
四月	💧	肥	🐞	
五月		肥	🐞	
六月		肥	🐞	
七月		肥	🐞	
八月	💧	肥	🐞	
九月	💧	肥	🐞	
十月	💧	肥	🐞	
十一月	💧		🐞	
十二月	💧		🐞	

选购

选购虹之玉时，要求植株饱满，茎节紧密，枝条均衡，茎叶基本覆盖盆面；叶片肥厚，呈长卵形，排列有序，避免选择节间伸长、叶片疏散，姿态欠佳的植株。夏季购买以亮绿色为宜，秋季购买以叶片上带有红晕更佳。

选盆/换盆

常用直径12~15厘米的盆。每2~3年春季换盆。

配土

盆栽可用肥沃园土和粗沙的混合土，加入少量腐叶土和骨粉。

摆放

刚买回家的盆栽，适宜摆放在阳光充足的阳台或窗台。夏季避开强光直晒，冬季摆放在温暖、通风和有阳光的地方。

浇水/光照

虹之玉耐干旱，刚栽后浇水不宜多。春季生长期每2周浇水1次，盆土保持稍湿润。夏季盆土保持干燥。盛夏高温时适当遮阴，但遮阴时间不宜过长，否则茎叶会变得柔嫩，容易倒伏。秋季适度浇水，每2周浇水1次，盆土保持稍湿润即可。充足的光照和自然的昼夜温差，可使叶片由绿色转为红色。冬季减少浇水量，每月浇水1次，盆土保持稍干燥即可。

施肥

生长期每月施肥1次，用稀释饼肥水或“卉友”15-15-30盆花专用肥。氮肥不宜多施，以免引起叶片疏松，姿态欠佳。刚买回家的虹之玉，还需注意适量施肥，否则易造成叶片腐烂。虹之玉生长缓慢，正确施肥，可使茎叶紧凑。

修剪

对生长过高、过密或肉质叶掉落过多的枝茎修剪调整，保持优美的株态。叶片很容易掉落，尽量少搬动和碰触。

繁殖

播种：在2~5月进行，采用室内盆播，发芽适温为18~21℃，播后12~15天发芽。扦插：全年都可扦插繁殖，以春秋季为好，夏季气温高一点或冬季气温低一点，扦插后生根慢一点。剪取顶端叶片紧凑的短枝，长5~7厘米插入沙床，2~3周后生根，或从叶基处长出不定芽。由于虹之玉的生命力特强，单个充实的肉质叶撒放在沙床上照常生根并长出幼株。甚至肉质叶掉落在木板或水泥上，稍有湿度也能生根成活。

病虫害

有时发生叶斑病和锈病，发病初期用20%三唑酮乳油1 000倍液喷洒。虫害有蚜虫和介壳虫，发生时用10%吡虫啉可湿性粉剂1 500倍液或40%氧化乐果乳油1 000倍液喷杀。

不败指南

虹之玉掉叶子了怎么办？

答：由于虹之玉的叶柄比较小，而叶片多肉，所以一碰就容易掉叶。但是虹之玉的生命力非常顽强，掉下来的叶子也会生根发芽。需要提醒的是，有时候掉叶子很可能是根部出现了问题。根部出现问题的，一般叶片会萎缩而导致脱落，这种情况下修剪根部是最好的办法。

多花报春

Primula x polyantha

〔花期〕冬春季

一月

万象更新

〔别名〕西洋报春

〔科属〕报春花科报春花属。

〔原产地〕杂交培育的栽培品种。

〔旺家花语〕有“青春”“万象更新”等花语。赠送亲朋好友，寓意“合家欢乐”。

四季养护

喜温凉、湿润和阳光充足的环境。怕高温，忌强光暴晒。生长适温13~18℃，冬季不低于12℃，照常开花，若低于5℃易发生冻害。

全年花历

月份	浇水	施肥	病虫害	换盆 / 修剪
一月	💧	肥		
二月	💧	肥	🐞	
三月	💧	肥	🐞	
四月	💧	肥	🐞	✂
五月	💧💦			
六月	💧💦			
七月	💧💦		🐞	
八月	💧	肥	🐞	🪴
九月	💧	肥		🪴
十月	💧	肥		🪴
十一月	💧	肥		
十二月	💧	肥		

选购

选购盆花时，要求株丛健壮，完整，叶色深绿，花葶粗壮，刚抽出，并已开始开花，花色纯正，不缺瓣。

选盆/换盆

苗株具6~7片真叶时，盆栽常用直径10~12厘米的盆。每年秋季进行换盆。

配土

盆栽可用肥沃园土、泥炭土和沙的混合土。

摆放

适宜摆放在有明亮光照的朝南和朝东窗台或阳台。

浇水/光照

春季每周浇水3~4次，防止水淋在叶面上。夏季每天早晚各浇水1次，午间天气干热时，可向地面、盆面喷水，增加空气湿度。盆土保持湿润，切忌过湿，否则易引起植株基部腐烂。秋季叶丛中开始抽出花茎，进入花期，每周浇水2~3次。冬季进入盛花期后，每周浇水2~3次。

施肥

生长期每10天施肥1次，用"卉友"20-7-7酸肥。进入花期后，每周施肥1次，每2周可增施1次磷钾肥。施肥时，肥液切忌沾污叶片，避免叶片变焦干枯。

修剪

不留种的植株，花后应及时剪去花茎和摘除枯叶。

繁殖

分株：秋季时将过夏的母株换盆进行分株繁殖。将母株从盆内托出，去除枯叶和宿土，轻轻掰开子苗，不要把新根折断，去除老根，可用直径12~15厘米的盆，每盆栽1~3株苗。栽植后浇透水，放半阴处恢复，待萌发新叶后再移放阳光充足处。播种：5月播种室内盆播，需用经过高温消毒的泥炭土和珍珠岩的混合土。播后压平不要覆土，发芽适温15~18℃，播后1~2周发芽。播种苗具2~3片叶时，移栽1次；有4片真叶时，再移栽1次，移栽时根茎部以露出土面为宜。

多花报春的分株繁殖

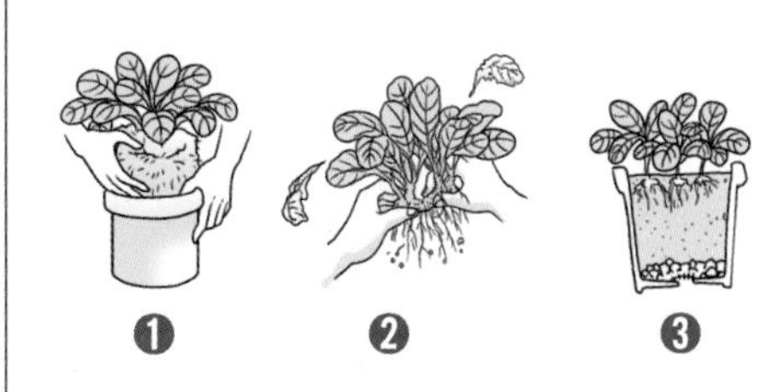

❶ 从花盆中取出植株。

❷ 去除枯叶和宿土，将根部分开，去除老根。

❸ 上盆，每盆栽1~3株。

病虫害

叶片和幼苗常发生叶斑病、灰霉病和炭疽病危害，发病初期可用65%代森锌可湿性粉剂500倍液或50%炭疽福美500倍液喷洒，也可用70%代森锰锌可湿性粉剂600倍液喷洒。虫害有蚜虫和红蜘蛛危害花茎和叶片，蚜虫可用2.5%鱼藤精乳油1 000倍液喷杀；红蜘蛛可用20%三氯杀螨砜或50%霸螨灵2 000倍液喷杀，也可用20%三氯杀螨砜可湿性粉剂1 000倍喷杀。

不败指南

为什么花茎变长了，花色也变淡了？

答：如果多花报春光照不足，就会出现植株徒长，花茎伸长，花色浅淡的现象。此时将盆栽植株搬至有明亮光照的地方。生长期保证长期光照充足；花期需要明亮光照；高温季节，注意遮阴。

蝴 蝶 兰

Phalaenopsis spp.

〔别名〕蝶兰、蛾兰。

〔科属〕兰科蝴蝶兰属。

〔原产地〕低海拔的热带雨林。

〔花期〕冬春季。

〔旺家花语〕射手座守护花，狮子座幸运花。情人节宜赠女友，以示“纯洁美丽”。

四季养护

喜温热、多湿和半阴环境。不耐寒，怕空气干燥和风吹。生长适温14~24℃，相对湿度60%~80%和遮光率60%~70%最为合适。

全年花历

月份	浇水	施肥	病虫害	换盆/修剪
一月	💧			
二月	💧 喷雾			
三月	💧 喷雾			
四月	💧 喷雾		🐞	
五月	💧 喷雾		🐞	换盆 ✂
六月	💧 喷雾	肥	🐞	换盆
七月	💧 喷雾	肥	🐞	
八月	💧	肥	🐞	
九月	💧	肥	🐞	
十月	💧	肥	🐞	
十一月	💧			
十二月	💧			

选购

对蝴蝶兰初养者来说，以选择白花和红花的蝴蝶兰为宜。选择开始开花、花瓣完整无折伤，花色亮丽的植株。购买蝴蝶兰花枝以花蕾开放后3~4天为宜，并立刻进行水养。冬季选购的蝴蝶兰，必须避免直射光的长时间照射。

选盆/换盆

盆栽常用直径20~30厘米的盆。换盆的最佳时间是5月下旬。

配土

盆栽以疏松、排水和透气的土壤为宜，常用苔藓、椰壳、蛭石、蕨根、树皮块等做混合土。

摆放

蝴蝶兰花形丰满、优美，生长势强，花期长达数月。盆栽特别适合家庭摆放，点缀在厨房低柜、客厅电视柜，显得典雅豪华。蝴蝶兰花枝又是花篮、花束和捧花的主要花材。

浇水/光照

春季进入盛花期，每2~3天浇水1次，盆土湿润即可，可多喷雾，注意通风。夏季气温超过18℃放在室外养护，避免阳光直晒，放在遮阴处，每天浇水1次。高温时可多向叶面喷水。秋季气温下降到15℃前搬进室内养护，每2~3天浇水1次，最好不要晚间浇水。冬季将盆栽搬回室内温暖处，控制室温于12~15℃，开始开花。若温度低于10℃，易发生冻害和病害。

施肥

5月下旬刚换盆，正处于根系恢复期，不需施肥。6~9月为新根、新叶生长期，每周施肥1次。夏季高温期可适当停止施肥2~3次。10月以后兰株生长减慢，减少施肥，以免生长过盛，影响花芽形成，致使不能开花。进入冬季和开花期则停止施肥，若继续施肥会引起根系腐烂。

蝴蝶兰分株步骤

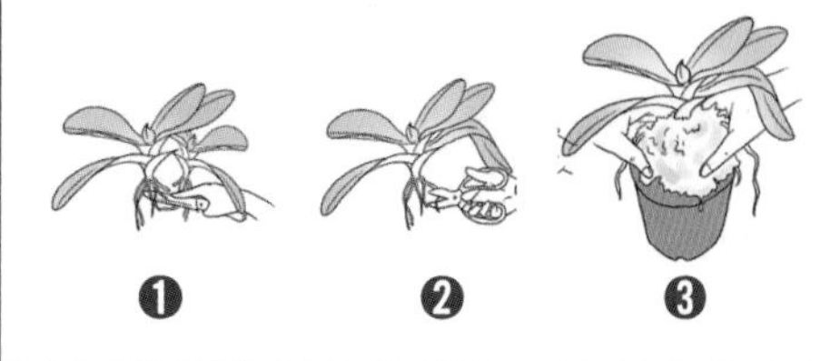

❶ 将兰株取出，从根部剪开。

❷ 分别修剪根部。

❸ 把用水苔包裹好的兰株栽入新盆中。

修剪

待花朵完全凋谢后，将花茎全部剪掉，否则会消耗营养。

繁殖

分株：当盆栽蝴蝶兰根系长出盆外，花梗上的腋芽发育成子株，并长出新根时，可从花梗上将子株切下进行分株栽植。以花朵完全凋萎后分株为好，常在春末夏初结合换盆进行。

病虫害

蝴蝶兰易患枯叶病，若有发病疑虑可喷洒杀菌粉预防。发现病兰需尽快切除隔离，避免灾情扩大。昆蚰蝓是常见的蝴蝶兰害虫，可以用杀虫剂控制这类害虫。

不败指南

冬季蝴蝶兰一直不开花是什么原因？

答：天气逐渐转凉，兰株进入快速生长期，如果施肥过多则会造成兰株生长过盛，影响花芽形成，从而导致冬季蝴蝶兰一直不能开花。因此天冷时应控制施肥量，每周用“花宝”液体肥稀释2 000倍喷洒叶面和盆栽土壤，有利于新芽、新根生长，花芽分化和开花。

横看似扇，竖看是线，立如美人扇，散若凤开屏。

君 子 兰

Clivia miniata

〔别名〕达木兰、大花君子兰。

〔科属〕石蒜科君子兰属。

〔原产地〕非洲南部。

〔花期〕冬春季。

〔旺家花语〕君子兰在缺水、缺肥、缺阳光等恶劣条件下能生存，被称为有顽强生命力的“长命花”。垂笑君子兰切忌送人。

四季养护

冬季喜温暖，夏季喜凉爽。耐旱耐湿，不耐寒，怕高温强光。生长适温20~25℃，空气湿度70%~80%对生长有利。

全年花历

月份	浇水	施肥	病虫害	换盆 / 修剪
一月	[水滴]	[肥]		
二月	[水滴]	[肥]		
三月	[水滴]	[肥]		
四月	[水滴]	[肥]		[花盆]
五月	[水滴][喷雾]		[虫]	[花盆][剪刀]
六月	[水滴][喷雾]		[虫]	
七月	[水滴][喷雾]		[虫]	
八月	[水滴]	[肥]	[虫]	
九月	[水滴]	[肥]	[虫]	
十月	[水滴]	[肥]		
十一月	[水滴]			
十二月	[水滴]			

选购

选购君子兰盆栽时，以植株花蕾形成为宜。两侧叶片排列整齐，叶色深绿有光泽，有斑纹者更佳。

选盆/换盆

花盆的大小根据植株叶片数量而定，10~15片叶用直径20厘米的盆，20~25片叶用30~40厘米的盆。每2年换盆1次，春季或花后进行。

配土

以阔叶腐叶土、针叶腐叶土、培养土和细沙的混合土为好。东北地区可用腐叶土、河沙或炉灰渣的混合土。

摆放

用君子兰装饰门厅，呈现出柔和温馨的气氛。适于在家庭厅室的低柜和茶几上摆放，呈现出热烈、奔放的氛围。作插花欣赏，有令人豁然开朗之感。

浇水/光照

春季每周浇水2次，浇透水，保持盆土湿润。夏季每2天浇水1次；遇阴雨天则3~4天浇水1次。当植株进入半休眠状态时，需控制浇水。防止强光暴晒。梅雨季节防止雨淋和盆内积水。空气干燥时，可适当向叶面和地面喷水。秋季控制浇水量。冬季将君子兰放在阳光充足的地方，每周浇水1次，虽然浇水间隔时间拉长，但每次浇水必须浇透，切忌盆内积水。

施肥

生长期每月施肥1次，用腐熟的饼肥水。抽出花茎前加施磷钾肥1~2次。夏季植株进入半休眠状态，停止施肥。秋季早晚天气转凉，每2周施肥1次。到10月时，本年度最后施肥1次，防止生长过快。施肥时肥液不要滴到叶片上。

修剪

如果花后不留种，应及时剪除花茎。随时剪除黄叶、病叶。

繁殖

分株：春季换盆时，当子株长至6~7片叶，可从母株旁掰下直接盆栽。如子株根系少，先用细沙栽植，待长出新根后再盆栽。一般子株培养1~3年可开花。

病虫害

常见白绢病和软腐病。白绢病常发生在根际部，出现水渍状褐色不规则病斑。需土壤消毒，发病初期用50%多菌灵可湿性粉剂500倍液浇灌土壤。细菌性软腐病病发时，叶片出现淡黄色水渍状斑点，可用10%宝丽安80倍液或12.5%倍液交替浇洒。虫害主要有介壳虫，用40%氧化乐果乳油1 000倍液喷杀。

不败指南

出现“夹箭”是什么原因？

答：主要原因是出现花葶时，室温低于12℃或昼夜温差较小，肥料不足，土壤湿度小或浇水不当以及假鳞茎过紧。只要适当升高室温并加大浇水量就可预防“夹箭”现象的发生。一般浇水间隔要根据植株的大小而定。2~4片叶的3天浇水1次，8~12片叶的5天浇水1次，16片叶以上的每周浇水1次，也要根据季节、室温高低调整。

想让君子兰叶片对称整齐，需时常转动花盆，均匀充分光照。

水 仙

Narcissus tazetta

〔别名〕中国水仙、凌波仙子。

〔科属〕石蒜科水仙属。

〔原产地〕地中海沿岸地区。

〔花期〕冬春季。

〔旺家花语〕摩羯座守护花。水仙被古人誉为“劲节之花”，以寓其“坚毅”的高贵品质。宜与牡丹、杜鹃花组合赠亲友，寓意“愿你永远幸福，吉祥如意”。

含香体素欲倾城，山矾是弟梅是兄。

王充道送水仙花五十枝欣然会心为之作咏
［北宋］黄庭坚

四季养护

喜温暖、湿润和阳光充足的环境。不耐寒、喜半阴、怕高温。生长适温10~20℃，冬季不低于-5℃，否则易发生冻害。

全年花历

月份	浇水	施肥	病虫害	换盆 / 修剪
一月	💧	肥		
二月	💧 喷	肥		
三月	💧 喷	肥		✂
四月	💧 喷			
五月	💧		🐞	
六月	💧			
七月	💧			
八月	💧			
九月	💧			
十月	💧			
十一月	💧			
十二月	💧			

选购

选购水仙时，要求造型好，叶片矮壮、肥厚、深绿色；花茎粗壮，以花初开为好。鳞茎要求充实、饱满，外皮褐色，周径30厘米以上，抽出花茎多、开花多。切花以花瓣显色但未开放时为宜。

选盆/换盆

盆栽常用直径20厘米的盆，每盆栽鳞茎3个。水培可用玻璃专用器皿。

配土

盆栽以肥沃、疏松的中性或微酸性沙质土壤为宜，可用园土和粗沙的混合土。若是水培，需用潮湿砻糠灰或蛭石略加覆盖，放暗处生根。

摆放

水仙可点缀在书桌、案头和卧室窗台，十分典雅、柔美，给人们带来春意和生机。水仙宜艺术雕刻加工，常见有笔架式和蟹爪式两种。笔架式可使鳞茎球内花芽生长一致，排列整齐，同时开花。蟹爪式使叶片和花朵像蟹爪那样横生舒展，卷曲优美，旖旎多姿。再经拼合组型，给人以美的享受。

浇水/光照

春季生长期盆土保持湿润，水培需每天换水。空气干燥时，可适当向叶面喷雾。摆放在阳光充足处，光照时间不少于6小时，注意通风。夏季养护盆栽水仙时，盆土不干不浇水，一旦浇水就要浇透，以早晚为宜。秋季控制浇水量，盆土保持湿润，但不能过湿或积水。冬季保证充足光照，室温不低于-5℃，否则易发生冻害。忌向花朵上喷淋，以免造成花瓣腐烂。

施肥

一般不用施肥或加营养液。生产种鳞茎，除施足基肥外，生长期每半月施肥1次，鳞茎膨大期加施磷钾肥1~2次。

修剪

生产种鳞茎，当抽出花茎时，需及时摘除。

繁殖

分株：种鳞茎两侧着生子鳞茎，仅基部相连。秋季将子鳞茎剥下可直接栽种，翌年长成新鳞茎。水培：最好在霜降前鳞茎处于休眠期或清明后进行，选择已生根的健壮鳞茎，放在浅盆中水养。一般室温12~20℃时，4~5周可开花。

病虫害

常见青霉病、冠腐病和叶斑病，发病初期用25%多菌灵可湿性粉剂800倍液喷洒。有刺足根螨危害时，要在种植前将它彻底消灭，因为其繁殖快，危害期长。较为有效方法是用40%三氯杀螨醇1 000倍液或50%苯菌灵可湿性粉剂500倍液浸泡鳞茎半小时。

不败指南

如何让水仙花开得更久？

答：要想让水仙花开得更久，则需要保证充足光照，但温度不能超过25℃，否则植株会停止生长，造成花苞干瘪、萎缩，严重时导致花期缩短。

水仙适合用浅口圆形的瓷盆水培。

教堂外花开得满树，他给了我一把又香又柔又古雅的小苍兰。

——［现代］席慕容《一条河流的梦》

小苍兰

Freesia refracta

〔别名〕香雪兰、小菖兰。

〔科属〕鸢（yuān）尾科香雪兰属。

〔原产地〕非洲南部。

〔花期〕冬春季。

〔旺家花语〕水瓶座守护花。花香色艳，高雅迷人，有“纯洁”的花语。红色宜赠气质高雅的女性，白色宜赠恋人，鹅黄色宜赠有好感的异性朋友。

四季养护

喜凉爽、湿润和阳光充足的环境。不耐寒。生长适温15~20℃，白天18~20℃，夜间14~16℃，冬季温度不低于5℃。

全年花历

月份	浇水	施肥	病虫害	换盆/修剪
一月	💧	肥		
二月	💧	肥		
三月	💧	肥		
四月	💧		🐞	✂
五月	💧		🐞	
六月				
七月				盆
八月				盆
九月	💧			
十月	💧			
十一月	💧	肥		
十二月	💧	肥		

选购

选购盆栽要求基生叶和茎生叶呈长剑形，绿色，花茎粗壮，着花6~10朵，有1/2的花已初开，花色亮丽。选购切花以花序上第一朵花开始开放，至少两朵以上花蕾显色时最好。

选盆/换盆

常用直径12~15厘米的盆。每隔1~2年换盆1次，通常在夏末初秋进行。

配土

盆栽以肥沃、疏松和排水良好的沙质土壤为宜，可用园土、腐叶土和沙的混合土。

摆放

盆栽宜点缀在客厅及卧室窗台、镜前或书房，清香素雅，满室生辉，给主人带来好心情。但是小苍兰对乙烯、灰霉病菌敏感，应远离水果和其他乙烯来源。

浇水/光照

春季进入盛花期，每周浇水2~3次，盆土不宜过湿。开花后期，每周浇水1次。茎叶自然枯萎后，进入休眠期，停止浇水。夏季球茎贮藏于通风、干燥处，室温控制在25℃。秋季刚萌芽的植株，每周浇水1次。虽然积水易烂根，但水分不足会导致叶片前端枯黄。冬季摆放在阳光充足的窗台或阳台，室温保持15℃左右，每周浇水2次。防止户外冷风和室内空调热风的吹袭。

施肥

刚抽出花茎的植株，可施1次0.2%磷酸二氢钾，促进花蕾充实、花朵大。抽出叶片的植株，每2周施磷钾肥1次。进入盛花期的植株不宜施肥，否则易引起落蕾、落花。

修剪

花后如不留种，应及时剪除残花。进入花期或抽出花茎时，应设置支架把花序或花茎绑扎好，防止倒伏，以免影响结实和球茎发育。

小苍兰的盆栽和开花处理

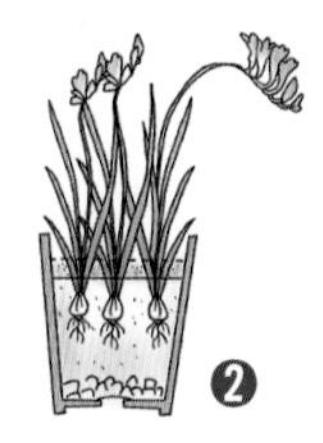

❶ 球茎栽种的深度为2~3厘米。

❷ 抽出花茎后增加覆土，防止倒伏。

繁殖

分株：花后茎叶继续生长，并形成新球茎，5月前后球茎进入休眠期。此时，地下母球茎逐渐干瘪、死亡，在母球周围形成3~5个小球茎。球茎量少可留盆中越夏，9月重新盆栽。

病虫害

常见软腐病、球根腐败病、菌核病和花叶病等危害，要避免连作，球茎栽植前用200单位农用链霉素粉剂1 000倍液喷洒表面防治。幼苗期发病，可用70%甲基托布津可湿性粉剂800倍液浇灌，以达到灭菌保种的效果。

不败指南

小苍兰的花朵枯萎了是怎么回事？

答：当室温超过20℃时，易造成花朵枯萎、花序下垂，花期缩短，引起茎叶徒长、倒伏，不易开花。因此养护小苍兰需严格控制室温，花期室温最好保持15℃左右。

金 橘

Fortunella margarita

〔别名〕罗浮、金枣。

〔科属〕芸香科金柑属。

〔原产地〕中国。

〔果期〕秋冬季。

〔旺家花语〕金橘的“橘”与南方的“吉”谐音，人们常以橘喻为吉，即有“大吉大利”之意。春节期间摆放在家中，寓意“招财进宝，来年发财致富”。

四季养护

喜温暖、湿润和阳光充足的环境。不耐寒，耐干旱，稍耐阴。生长适温20~25℃，冬季不低于7℃，低于0℃则容易受冻害。地栽金橘可耐-2℃低温。

全年花历

月份	浇水	施肥	病虫害	换盆/修剪
一月	✓		✓	
二月	✓	✓	✓	
三月	✓	✓	✓	✓ ✓
四月	✓	✓	✓	
五月	✓	✓	✓	
六月	✓	✓	✓	
七月	✓	✓	✓	
八月	✓ ✓	✓	✓	
九月	✓ ✓	✓	✓	
十月	✓ ✓		✓	
十一月	✓		✓	
十二月	✓		✓	

选购

金橘在盆中有较好姿态，以果大色艳、大小一致和分布均匀者为宜。如果盆土疏松、较新，表面无青苔或杂草说明是刚盆栽的，最好不要购买，容易落叶落果，欣赏期短。

选盆/换盆

盆栽常用直径20~25厘米的盆，每2年换盆1次。观果后，早春摘除全部果实并换盆，并加入新鲜、肥沃土壤。

配土

盆栽可用肥沃园土、腐叶土或泥炭土和河沙混合土。

个个和枝叶捧鲜，彩凝犹带洞庭烟。

——早春以橘子寄鲁望 [唐]皮日休

摆放

金橘为我国传统观果盆栽精品，枝叶茂密，树姿秀雅，挂果时分恰逢春节，金光灿灿，异常热闹。用它点缀门厅，喜气洋洋，展现出一幅欣欣向荣、蒸蒸日上的气势。宜摆放在阳光充足的朝东和朝南窗台或阳台。

浇水/光照

金橘喜湿润，充足的水分有利于枝条的生长和果实的发育，但不能积水。观果期盆土时干时湿会造成提前落果。春季盆土保持不干为宜，适度光照。夏季生长期控制浇水，适度干旱(即“扣水”)。待腋芽膨大转白时，再正常浇水。盆土不宜过湿。秋季经常向叶片和四周喷水，增加空气湿度。冬季盆土偏干为宜，充足光照。

施肥

萌芽抽枝时，每半月施肥1次。夏末秋初花前施足肥。果实珠子大时，每10天施肥1次，多施速效磷钾肥。每次修剪和摘心后及时施肥，果实黄熟时停止施肥。

修剪

在春梢萌发前修剪，保留3个健壮枝条，枝条基部留3~4个饱满芽，待长成20厘米时摘心。新梢长出5~6片叶时再摘心，促发夏梢结果枝，及时剪除秋梢。

繁殖

主要采用嫁接繁殖。嫁接时通常选用枸橘、酸橙或金橘的实生苗作砧木，采用靠接、枝接或芽接法。靠接在6月进行，枝接在3~4月进行，芽接在6~9月进行。砧木需要提前1年栽植，也可用地栽砧木，嫁接成活后翌年萌芽前可上盆，多带宿土。金橘播种实生苗后代多变异，品种易退化，结果晚，一般不采用播种繁殖。

病虫害

常有溃疡病和疮痂病危害，用波尔多液喷洒防治，发病初期用70%甲基托布津可湿性粉剂1 000倍液喷洒。虫害有红蜘蛛、蚜虫和介壳虫，发生时用40%氧化乐果乳油1 500倍液喷杀。

不败指南

怎样使金橘年年结果?

答：想要提高金橘坐果率，让其年年结果，需要做到春季修剪整形，初夏扣水促使花芽分化，花期人工辅助授粉，提高坐果率，合理、科学施肥，适度浇水，防止盆土时干时湿、盆土积水、温度剧变和强光暴晒等。

巢蕨

Asplenium nidus

〔别名〕鸟巢蕨、山苏花、鸟巢羊齿。

〔科属〕铁角蕨科铁角蕨属。

〔原产地〕亚洲热带地区。

〔花期〕着生孢子，无花。

〔旺家花语〕狮子座守护花，有“富贵”“吉祥”等花语。

四季养护

喜温暖、湿润和半阴的环境，不耐寒、怕干旱和强光暴晒。在高温多湿条件下，全年都可生长。生长适温3~9月为22~27℃，10月至翌年2月为16~22℃。

全年花历

月份	浇水	施肥	病虫害	换盆 / 修剪
一月	💧		🐞	✂
二月	💧		🐞	🪴✂
三月	💧		🐞	✂
四月	💧	肥	🐞	✂
五月	💧🧴	肥	🐞	✂
六月	💧🧴	肥	🐞	✂
七月	💧🧴	肥	🐞	✂
八月	💧🧴	肥	🐞	✂
九月	💧🧴	肥	🐞	✂
十月	💧🧴		🐞	✂
十一月	💧		🐞	✂
十二月	💧		🐞	✂

选购

选购盆栽时，要求植株端正，不凌乱，孢子叶呈绿色，背面上端有线状孢子囊群，没有黄叶和病虫害痕迹，无缺损，植株的叶片硕大、舒展。

选盆/换盆

盆栽常用直径20~25厘米的塑料盆，吊盆常用直径25~30厘米的木质或铁制篮架。叶片枯萎时换盆。

配土

盆栽以肥沃、疏松、排水良好的土壤为宜，可用腐叶土、泥炭土和培养土的混合土。

摆放

刚买回家的盆栽植株，适宜摆放或悬挂在有纱帘的朝南和朝东南窗台的上方，或装饰在明亮居室的花架上，夏季时摆放在朝北的窗台。

浇水/光照

春季盆土保持湿润，浇水不宜过多。盛夏避免强光晒，应适当遮阴，并经常喷水洗刷叶面灰尘，保持叶色碧绿。幼叶忌触摸，以免碰伤。秋季空气干燥时应向叶面喷雾。冬季搬至室内养护，保持稍干燥的环境，适度光照，少浇水。

施肥

4~9月，每月施肥1次，用“卉友”20-20-20通用肥或每月喷施1次“花宝”4号稀释液。

修剪

盆栽2~3年后从盆内托出，剪除残根和基部枯萎的孢子叶。平时见枯叶、破损的叶等随时剪除。

繁殖

分株：春季将密集簇生的营养叶切开或掰下旁生子株，分别盆栽，并以少量腐叶土或水苔覆盖。如果排水和通风性好，则分株成活率高。孢子繁殖：孢子成熟时采后即播，播种土壤用砖屑和泥炭各半配制，消毒压实，均匀撒入成熟孢子，盖上玻璃保湿，7~10天萌发，10周后原叶体发育成熟，3个月形成幼苗。

病虫害

常见炭疽病危害，当巢蕨在高温高湿、通风不畅的环境中，其叶片易感染炭疽病，其病斑为褐色，后期轮纹明显，因此要经常擦拭叶片。发病初期用50%多菌灵可湿性粉剂500倍液喷洒。虫害有线虫，可使巢蕨叶片发生褐色网状斑点，发生时每盆用10%克线磷颗粒剂1~2克埋施灭杀。

不败指南

盆栽巢蕨的多数叶片枯萎了怎么办？

答：只要巢蕨的中心部分还是绿色的，就说明植株还是活的。此时首先将枯萎的叶片剪除，剩下巢蕨仅有的绿色部分轻轻抹干净并喷些清水，然后用塑料袋连盆一起包起来，放在半阴处保温、保湿，不久后就会长出新芽，待新芽长出2个月再重新盆栽。

鸡冠巢蕨

一月

深红的花叶簇拥在一起，像严寒冬季中一盆温暖的炉火。

一 品 红

Euphorbia pulcherrima

〔别名〕圣诞花、圣诞红、向阳红。

〔科属〕大戟（jǐ）科大戟属。

〔原产地〕墨西哥。

〔花期〕冬春季。

〔旺家花语〕摩羯座守护花。在西方被普遍作为圣诞节的象征。圣诞节可互赠，以示“普天同庆，共贺新生”。红色苞片撕裂或叶片脱落的盆花不宜赠人。

四季养护

喜温暖、湿润和阳光充足的环境。不耐寒，怕霜冻，忌强光暴晒。生长适温18~25℃，冬季不低于15℃。

全年花历

月份	浇水	施肥	病虫害	换盆/修剪
一月	浇水			
二月	浇水		病虫害	
三月	浇水		病虫害	换盆
四月	浇水	肥	病虫害	换盆
五月	浇水	肥		
六月	浇水	肥		修剪
七月	浇水	肥		
八月	浇水	肥		修剪
九月	浇水	肥	病虫害	
十月	浇水	肥	病虫害	
十一月	浇水	肥		
十二月	浇水	肥		

选购

选购一品红盆花，以植株紧凑、矮壮，叶色深绿，花开始显色的为宜。选购一品红花枝，以充分成熟、花粉从花药中散出时为宜。

选盆/换盆

常用直径15厘米的盆。每年春季，苞叶展红期结束时换盆。剪除整个植株的地上部，留下2~3个枝节（20~25厘米高），剪口用草木灰蘸涂，防止感染腐烂。

配土

盆栽可用培养土、腐叶土和粗沙的混合土。

摆放

冬季正值百花凋谢，一品红却以独特娇艳的色彩装饰环境，显得格外鲜艳夺目。圣诞节或春节，家庭居室、客厅点缀数盆，铺红展翠，娇媚动人，气氛欢乐。

浇水/光照

春季每周浇水1次，忌浇水过量，导致根部腐烂。夏季每周浇水2次，盆土干燥后再充分浇水。秋季充足光照，控制浇水量，盆土切忌时干时湿，会导致叶片发黄脱落，需充足阳光，保证叶片健壮厚实，注意通风。冬季每周在晴天上午浇水1次。

施肥

生长期每半月施肥1次或选用"卉友"17-5-19一品红专用肥。

修剪

为控制植株高度常用截顶、曲枝盘头等方法修剪。

繁殖

扦插：4~5月选用2年生枝条，剪成10厘米长、不带叶的插条，以蛭石或河沙作插壤，插后保持25~28℃，15~18天愈合生根。在7~8月扦插，插穗应带叶，切口要平，将外流白色乳汁洗净后再插入沙床中，插后10~15天生根。

病虫害

常有叶斑病、灰霉病和茎腐病，可用70%甲基托布津可湿性粉剂1 000倍液喷洒。虫害有介壳虫和粉虱，可用40%氧化乐果乳油1 000倍液喷杀。

不败指南

1 我的一品红圣诞节前苞叶都没有转红怎么办？

答：如果一品红的苞叶迟迟不转红，只要进行遮光处理就好了，每天见光8小时，苞片即可在圣诞节前按时转红。如果盆栽植株夜间摆放在有灯光的房间，苞叶转红必定推迟。

2 一品红怎么大量落叶了？

答：可能是室内温度过低导致的。一品红花枝和盆花对冷、热风吹袭都十分敏感，摆放位置应远离空调风口。室内温度过低，容易使一品红遭受冻害，导致大量落叶。此时及时升高室温至15℃以上，有利于一品红恢复。

颜色鲜红，但全株有毒，对人体不利，最好摆放在室外。

附录 家居不宜种植的花草

苏铁

种子有毒，误食会出现抽筋、呕吐、腹泻和出血等症状，要避免误食。

马蹄莲

汁液有毒，要避免误食，否则会引起昏迷。如果皮肤上不小心沾上汁液，要好好清洗。

夹竹桃

全株有毒，但不会放出毒气，只要不食用就无大碍。最好种在庭园中，避免接触，如果不小心触碰到汁液，要赶快用清水洗掉。

长春花

全株有毒，误食会出现肌肉无力的症状，导致白细胞减少，血小板减少。长春花虽有毒，却是目前国际上应用最多的抗癌植物药源。

五色梅

花和叶有毒，误食会引起腹泻、发热等症状。五色梅虽然有毒，但它具有抗尘、抗污染的能力，室内养护只要谨慎呵护即可。

曼陀罗

全株有毒，特别是种子毒性最大，要避免误食，最好不要在家中种植。

变叶木

汁液有毒，注意不能让汁液溅到眼中或口中。沾染手上需要立即清洗。

珊瑚樱

全株有毒，果实毒性最大，中毒后会出现恶心、呕吐等症状。果熟时不要被儿童接触，以免误食。

虎刺梅

刺和汁液有毒，刺或汁液碰到皮肤，会出现红肿、不适等症状，最好不要在室内摆放，尤其避免儿童接触。

霸王鞭

刺和汁液有毒，刺碰到皮肤会引起红肿，汁液沾染皮肤会发炎，不慎入眼会导致眼睛红肿，误食会出现腹泻、喉咙发痒等症状。

滴水观音

鲜根含海芋素、生物碱、甾(zāi)醇类化合物，根叶都有剧毒。误食会出现舌头发麻、胃部有灼热感、呕吐等症状。

乳茄

茎部散生倒钩刺，忌儿童触摸，以免刺伤。果实黄澄澄的，含生物碱，有小毒，防止误食。

图书在版编目（CIP）数据

新手四季养花 / 王意成编著 .— 南京：江苏凤凰科学技术出版社，2016.10（2025.02 重印）
（汉竹·健康爱家系列）
ISBN 978-7-5537-7181-6

Ⅰ. ①新… Ⅱ. ①王… Ⅲ. ①观赏园艺 Ⅳ. ① S68

中国版本图书馆 CIP 数据核字（2016）第 215903 号

新手四季养花

编　　著	王意成
主　　编	汉　竹
责任编辑	刘玉锋
特邀编辑	阮瑞雪
责任校对	仲　敏
责任设计	蒋佳佳
责任监制	刘文洋
出版发行	江苏凤凰科学技术出版社
出版社地址	南京市湖南路 1 号 A 楼，邮编：210009
出版社网址	http://www.pspress.cn
印　　刷	江苏凤凰新华印务集团有限公司
开　　本	720 mm × 1 000 mm　1/16
印　　张	13
字　　数	200 000
版　　次	2016 年 10 月第 1 版
印　　次	2025 年 2 月第 28 次印刷
标准书号	ISBN 978-7-5537-7181-6
定　　价	29.80 元

图书如有印装质量问题，可向我社印务部调换。